PR®

TopoGuides®

Le Parc naturel régional Normandie-Maine... à pied®

infos pratiques de la FFRandonnée : Voir page 4

Cascade de Mortain / PHOTO Francis Massias

1ère édition - avril 2015 © Fédération française de la randonnée pédestre
ISBN 978-2-7514-0780-2 © IGN 2015 (fonds de cartes) – Dépôt légal : avril 2015

TopoGuides®

Le Parc naturel régional Normandie-Maine... à pied®

PR®

33 PROMENADES & RANDONNÉES

AVEC L'APPUI TECHNIQUE DES COMITÉS DÉPARTEMENTAUX DE LA RANDONNÉE PÉDESTRE DE LA MANCHE, DE L'ORNE, DE LA MAYENNE ET DE LA SARTHE ET DE LEURS BÉNÉVOLES

Parc naturel régional Normandie-Maine

LA MAYENNE CONSEIL GÉNÉRAL

Conseil général Sarthe

L'ORNE Conseil Général

LA MANCHE CONSEIL GÉNÉRAL

RÉGION BASSE NORMANDIE

Région PAYS de la LOIRE

FFRandonnée
les chemins, une richesse partagée
www.ffrandonnee.fr

Bien préparer sa randonnée

Un PR labellisé par le comité départemental de la randonnée pédestre est un itinéraire reconnu de qualité (paysages variés et présence de curiosités naturelles ou historiques) et qui satisfait aux conditions de pérennité, de sécurité et de respect des milieux traversés.

Les itinéraires de Promenades et Randonnées (PR) sont en général des boucles : on part et on arrive au même endroit.

78 m

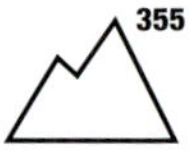

355 m

Les dénivelées signalées dans ce guide sont approximatives et peuvent légèrement varier selon l'outil de mesure utilisé.

QUATRE NIVEAUX DE DIFFICULTÉS À CONNAÎTRE

Les randonnées sont classées par niveaux de difficulté. Elles sont différenciées par des couleurs dans la fiche de chaque circuit.

TRÈS FACILE > Moins de 2 heures de marche

Idéal à faire en famille, sur des chemins bien tracés.

FACILE > Moins de 3 heures de marche

Peut être faite en famille, sur des chemins avec quelques passages moins faciles.

MOYEN > Moins de 4 heures de marche

Pour les randonneurs habitués à la marche. Avec quelquefois des endroits assez sportifs et/ou des dénivelées.

DIFFICILE > Plus de 4 heures de marche

Pour des randonneurs expérimentés et sportifs. L'itinéraire est long et/ou difficile (dénivelées, passages délicats).

Durée de la randonnée

La durée est calculée sur la base d'environ 3 km/h pour les balades vertes et bleues, et de 4 km/h pour les randonnées rouges et noires. La durée indiquée tient compte de la longueur et des dénivelées. Si vous randonnez avec des enfants, reportez-vous page 8.

COMMENT SE RENDRE SUR PLACE ?

En voiture

Tous les points de départ sont accessibles par la route. Un parking, indiqué par une signalétique routière, est situé à proximité du départ de chaque randonnée. Ne laissez pas d'objet apparent dans votre véhicule.

Veillez à ce que votre véhicule ne gêne pas le passage des engins forestiers ou agricoles, même le dimanche. Il est interdit de stationner derrière les barrières de routes forestières.

Par les transports en commun

Attention, certains services sont réduits ou inexistants les week-ends, jours fériés et période de congés scolaires.

SNCF > tél. 36 35 (0,34 euro/minute) ou www.voyages-sncf.com

Cars et bus > contactez l'office du tourisme ou le syndicat d'initiative

L'ÉQUIPEMENT D'UNE BONNE RANDONNÉE

Les chaussures

Les chaussures de randonnée doivent être confortables et garantir un bon maintien du pied et de la cheville. Si elles sont neuves, prenez le temps de les faire à votre pied avant. Les tennis seront limitées à une courte marche de quelques heures.

Le sac à dos

Un sac de 20 à 40 l conviendra largement pour les sorties à la journée.

Les vêtements

Le système des « 3 couches » est fondamental : sous-vêtement en fibres synthétiques, pull ou sweat en fibre polaire, coupe-vent, de préférence respirant.

Équipement complémentaire

Une paire de lacets, de la crème solaire, une casquette, des lunettes, une trousse de secours, une boussole, un appareil photo, un sifflet.

4 indispensables à ne pas oublier !

1 > Bien s'hydrater

ne pas oublier d'emporter **une gourde**.
Attention l'été, il faut boire beaucoup d'eau.

2 > Bien s'orienter

une boussole peut vous aider à retrouver un chemin plus facilement.

3 > Mieux observer

Pour mieux découvrir la flore ou la faune, **une paire de jumelle** est bien pratique.

4 > Mieux se repérer

une lampe torche peut servir à tout moment.

Autres > un pique-nique ou, pour les courtes marches, quelques provisions qui aideront à terminer un itinéraire, surtout avec des enfants.

QUAND RANDONNER ?

Avant de partir, toujours s'informer sur le temps prévu :
Météo France : tél. **32 50** (0,34 euro/minute) ou www. meteo.fr

En période estivale

Les journées longues permettent les grandes randonnées, mais attention au coup de chaleur. Il faut s'astreindre à boire beaucoup : environ 5 à 6 gorgées toutes les 20 minutes, soit au minimum 1,5 l d'eau par personne pour une demi-journée de marche.

En automne-hiver

Pendant la saison de la chasse, ne vous écartez pas des chemins balisés qui sont ouverts au public (de chaque côté du chemin, respectez les propriétés privées). En hiver, veillez à ne pas déranger la faune sauvage, observez les traces sans vouloir les suivre.

DÉSAGRÉMENTS ET DANGERS

L'orage

Ne pas rester debout sous un arbre ou un rocher, ou près d'une cabane ; s'éloigner des cours d'eau et des pylônes. S'accroupir sur ce qui peut être isolant (sac, corde), tenir les deux pieds bien serrés.

La chaleur excessive

Protégez-vous la tête et le corps, buvez souvent. Dès les premiers signes (maux de tête, nausées), il est indispensable de s'arrêter, de se mettre à l'ombre et de boire frais à petites gorgées.

La baignade

Le danger principal est le choc thermique. Il faut entrer progressivement dans l'eau, et renoncer en cas de sensation anormale (grande fatigue, vertige, bourdonnements d'oreille...).

Marcher le long d'une route

Mieux vaut marcher en colonne le long d'une route. La nuit, chaque colonne empruntant la chaussée doit être signalée à l'avant (feu blanc ou jaune) et à l'arrière (feu rouge).

N° d'urgence
Secours 112
Pompiers 18
Samu 15
Gendarmerie 17

Quelques adresses pour vous aider

PARC NATUREL RÉGIONAL NORMANDIE-MAINE

• **Maison du Parc**, BP 05, 61320 Carrouges, 02 33 81 13 33, www.parc-naturel-normandie-maine.fr, info@parc-normandie-maine.fr

COMITÉS DÉPARTEMENTAUX DU TOURISME

• **Manche Tourisme**, Maison du département, 50008 Saint-Lô Cedex, 02 33 05 88 70, www.manchetourisme.com

• **Comité départemental de Tourisme de l'Orne**, 86, rue Saint-Blaise, BP 50, 61000 Alençon, 02 33 28 88 71, www.ornetourisme.com

• **Mayenne Tourisme**, 84, avenue Robert Buron, CS 30325, 53003 Laval Cedex, 02 43 53 18 18, www.mayenne-tourisme.com

• **Sarthe Développement**, 31, rue Edgar Brandt – ZA Monthéard, 72000 Le Mans, 02 43 40 22 50, www.tourisme-en-sarthe.com

OFFICES DE TOURISME

• De nombreux offices de tourisme vous renseignent sur le territoire. Découvrez les sur la carte interactive du Parc, www.parc-naturel-normandie-maine.fr/carte-interactive/index.html

FÉDÉRATION FRANCAISE DE LA RANDONNÉE PÉDESTRE

• **Centre d'information de la FFRandonnée**, 64, rue du Dessous-Des-Berges, 75013 Paris, 01 44 89 93 93, www.ffrandonnee.fr

COMITÉS DÉPARTEMENTAUX DE LA RANDONNÉE PÉDESTRE

• **Comité départemental de la randonnée pédestre de la Manche**, 1, rue du 8 Mai 1945, 50570 Marigny, 02 33 55 34 30, http://www.rando50.fr

• **Comité départemental de la randonnée pédestre de la Mayenne**, Maison du tourisme, 84, av. Robert Buron, CS 30325, 53003 Laval Cedex, 02 43 53 12 91, http://mayenne.ffrandonnee.fr

• **Comité départemental de la randonnée pédestre de l'Orne**, La Grange Rouge, 61130 St-Germain-La-Coudre, http://www.cdrp61.org

• **Comité départemental de la randonnée de la Sarthe**, Maison départementale des sports, 29, bd Saint-Michel, 72000 Le Mans, 02 52 19 21 35, http://rando72.fr/

COMITÉS RÉGIONAUX DE LA RANDONNÉE PÉDESTRE

• **Comité régional de la randonnée pédestre de Basse-Normandie**, 1, rue du 8 mai 1945, 50570 Marigny, 02 33 55 34 30, http://basse-normandie.ffrandonnee.fr/

• **Comité régional de randonnée pédestre des Pays de la Loire**, 44, rue Romain Rolland, BP 90312, 44103 Nantes Cedex 4, http://pays-de-la-loire.ffrandonnee.fr

HÉBERGEMENTS

• Site Web du Parc naturel régional Normandie-Maine et des comités départementaux de tourisme des 4 départements

À CHACUN SON RYTHME...

Les enfants jusqu'à environ 7 ans

Sur le dos de ses parents jusqu'à 3 ans, l'enfant peut ensuite marcher, dit-on, un kilomètre par année d'âge. Question rythme, on suppose une progression horaire de 1 à 2 km en moyenne.

De 8 à 12 ans

On peut envisager des sorties de 10 à 15 km. Les enfants marchant bien mieux en groupe, la présence de copains favorisera leur énergie. Si le terrain ne présente pas de danger, ils apprécieront une certaine liberté, en fixant des points de rendez-vous fréquents.
Les adolescents qui sont en pleine croissance ont des besoins alimentaires plus importants que les adultes.

Les seniors

La marche a pour effet la préservation du capital osseux, et fait travailler en douceur l'appareil cardio-vasculaire. Un entretien physique régulier de 30 minutes à 1 heure de marche quotidienne est requis pour envisager de plus longues sorties. Un bilan médical est recommandé.

Où se restaurer et dormir dans la région ?

TROIS TYPES D'APPELLATION

Alimentation > pour un pique-nique : épicerie, boucherie ou traiteur, à la découverte des produits locaux.

Restauration > un café ou un restaurant, pour reprendre son souffle et savourer les spécialités du terroir.

Hébergement > de nombreuses possibilités d'hébergement existent : pour plus d'informations, **consulter le comité départemental du tourisme ou les offices de tourisme locaux.**

Les établissements Rando Accueil (gîtes, hôtels, campings) sont sélectionnés pour leur convivialité et leur environnement de qualité ; en outre, ils proposent des conseils personnalisés pour découvrir les itinéraires de randonnée alentour. www.rando-accueil.com

Tableau des ressources

Averton		●	●
Avrilly			●
Coulonges-sur-Sarthe			●
Couptrain			●
Couterne	●	●	●
Dompierre		●	●
Domfront		●	●
Ger	●	●	●
La Roche-Mabile	●		
La Sauvagère	●	●	●
Lassay-Les-Châteaux	●	●	●
Le Cercueil			●
Lignières-Orgères	●		●
Magny-le-Désert			●
Montreuil-le-Chétif	●		
Mortain	●	●	●
Perrou			●
Pezé-le-Robert			●
Pré-en-Pail	●	●	●
Radon	●	●	●
Ravigny			●
Saint-Christophe-le-Jajolet			●
Saint-Georges de-Rouelley	●	●	●
Saint-Germain-de-Coulamer			●
Saint-Léonard-des-Bois	●	●	●
Saint-Michel-des-Andaines		●	●
Saint-Nicolas-des-Bois			●
Villaines-la-Carelle			●
Villepail			●

Photo © N. Vincent.

Des topo-guides® écologiques

L'orchidée qui fleurit sur nos chemins est fragile, puisqu'une espèce sur six est menacée de disparition. Soucieuse de cette nature à préserver, quoi de plus naturel pour la **FFRandonnée** que de s'inscrire dans une démarche de **développement durable** ? Ainsi, tous nos imprimeurs partenaires bénéficient des certifications Imprim'vert et PEFC®, garantie d'une production écologiquement contrôlée des topo-guides® (gestion des déchets par récupérateurs agréés, recyclage, utilisation d'encres à pigments non toxiques, aucun rejet en réseaux d'évacuation publics...).

Le papier utilisé est par ailleurs lui-même certifié, attestant qu'il provient systématiquement de bois issu de forêts gérées durablement.

BIBLIOGRAPHIE

Pour mieux connaître la région

CONNAISSANCE DE LA RÉGION

- *Le Poiré et les vergers du Domfrontais,* Parc naturel régional Normandie-Maine, Édition OREP
- Jouet (R.) et Quetel (C.), *Histoire de la Normandie...des origines à nos jours,* Édition OREP
- *ArchéOrne : 250 ans d'archéologie dans l'Orne,* Édition Cahiers du Temps
- *Nouveau Guide Arthurien Normandie-Maine,* Édition Charles Corlet

FAUNE ET FLORE

- *Faune sauvage en Normandie,* Édition Isoete
- Médard (E.), *Libres et sauvages en Mayenne*
- Labadille (C.E.), *Fleurs et milieux naturels*

RANDONNÉES

- Des pochettes et topoguides sont disponibles auprès des offices de tourisme et des CDT de la région.

Nous indiquons ci-dessous une sélection :

- Fiche *circuits Monts et Marches Parc naturel régional Normandie-Maine*
- *Pochette randonnées et promenades- Pays d'Argentan et d'Ecouché*
- *Pays de la Haute Sarthe, guide des randonnées VTT*
- *Sillé-le-Guillaume, Randonnées en pays de Sillé*
- *Pays de la Haute Sarthe - Randonnées*
- *La Manche Rando en Normandie – 36 balades dans le Mortainais*
- Conseil général de la Mayenne, *fiche « À la découverte des chemins de Mayenne »*
- Topoguide *Haute Varenne et Houlme*

TOPO-GUIDES DE LA FFRANDONNÉE

- *L'Orne...*à pied, éd. FFRandonnée
- *La Manche...*à pied, éd. FFRandonnée

HÉBERGEMENTS

- Gîtes d'étapes et refuges, A. et S. Mouraret, mise à jour permanente sur www.gites-refuges.com

• Pour connaître la liste des topo-guides de la Fédération française de la randonnée pédestre sur la région, consulter le catalogue sur le site internet de la Fédération : www.ffrandonnee.fr

CARTES DE LA RÉGION

• CARTES IGN AU 1 : 100 000 : TOP 100 n° 116, 117 et 126

FFRandonnée
TopoGuides GR®
Une collection exclusive
Pour les amoureux de nature et les sportifs aimant les vraies aventures.
L'outil indispensable pour bien préparer sa rando et cheminer l'esprit serein.
Près de 80 titres dans toute la France.
TopoGuides®
GR®
La Traversée des Alpes
De la Maurienne à l'Ubaye
par le Briançonnais et le Queyras
Plus de 15 jours de randonnée
Grande Randonnée
GR 5
GR 56
Tour de l'Ubaye
FFRandonnée
www.ffrandonnee.fr
Tout le catalogue en ligne
www.ffrandonnee.fr
TopoGuides®
La meilleure façon de marcher

Suivez les balisages de la FFRandonnée

LES TYPES DE BALISAGE

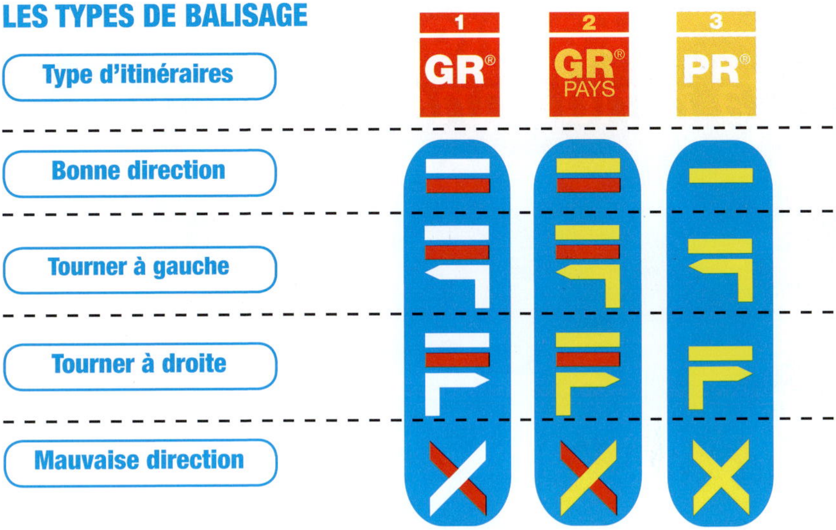

1 Grande Randonnée / 2 Grande Randonnée de Pays / 3 Promenade & Randonnée

MARQUAGES DES BALISAGES

Le jalonnement des sentiers consiste en marques de peinture sur les arbres, les rochers, les murs, les poteaux. Leur fréquence est fonction du terrain.

Les baliseurs : savoir-faire et disponibilité

Pour cheminer sereinement, 6000 bénévoles passionnés s'activent toute l'année, garants d'un réseau d'itinéraires de 180000 kilomètres de sentiers, sélectionnés et aménagés selon des critères de qualité.

Abonnez-vous
à Passion Rando
la randonnée grandeur nature
NOUVELLE FORMULE
Jusqu'à
-60%
+ d'idées rando
+ de photos
+ de conseils pratiques
4n° par an
12€
seulement*
* Tarif non licencié, 6€ tarif licencié
Avril-mai-juin 2014
PASSION
Rando
LE MAGAZINE DE LA FFRANDONNÉE
PASSION RANDO N°31
Bretagne
Balades iodées sur le GR®34
La Côte des Légendes, au Pays des Abers
Alpes
Le Vercors, bastion sauvage
Trek en Slovénie
Mont Triglav, la montagne sacrée
Haute-Provence
Land art, un musée en plein air
Nature
Les elfes des zones humides
Histoire
Les heures de gloire de la voie Régordane
FFRandonnée
www.ffrandonnee.fr
M 07208 - 31 - F: 4,00 € - RD
Rendez-Vous sur www.ffrandonnee.fr
rubrique Passion Rando Magazine !

Des sentiers balisés à travers toute la France

LA FFRandonnée AUJOURD'HUI ?

La Fédération française de la randonnée pédestre, c'est plus de 205 000 adhérents, 3 350 associations affiliées, 180 000 km de sentiers balisés GR® et PR®, 120 comités régionaux et départementaux, 20 000 bénévoles, animateurs et baliseurs, 270 topo-guides, un magazine de randonnée *Passion Rando* et un site Internet : www.ffrandonnee.fr.

Passion Rando, le magazine des randonneurs

Passion Rando apporte aux amoureux de la rando et d'authenticité toutes les pistes de découverte des régions de France et à l'étranger, les propositions d'itinéraires, d'hébergements et des bonnes adresses.

En valorisant les actions locales d'engagement pour la défense de l'environnement et d'entretien des sentiers, *Passion Rando* porte un message sur le développement durable, la préservation de la nature et du réseau d'itinéraires de randonnée pédestre.

Abonnez-vous sur www.ffrandonnee.fr

PassionRando
LE MAGAZINE DES PASSIONNÉS DE LA RANDO

PARTEZ TRANQUILLE AVEC LA RandoCarte®

4 atouts au service des randonneurs

- Une assurance spéciale « randonnée »
- Une assistance 24/24 h et 7/7 jours en France comme à l'étranger
- Des avantages quotidiens pour vous et vos proches
- Un soutien à l'action de la Fédération française de la randonnée pédestre et aux bénévoles qui entretiennent vos sentiers de Grande Randonnée et de Promenades et Randonnées

Vous aimez la randonnée

Depuis plus d'un demi-siècle, la Fédération vous propose une assurance, adaptée et performante dont profitent déjà plus de 205 000 passionnés. Faites confiance à la RandoCarte® : elle vous est conseillée par des spécialistes du terrain, passionnés de randonnée…

Une fois encore, ils vous montrent le chemin !

Les Monts et les Marches de Normandie-Maine

Un réseau de sites à découvrir

les sites MONTS & MARCHES

Parc naturel régional Normandie-Maine
Une autre vie s'invente

27 SITES À DÉCOUVRIR

Le Parc Normandie-Maine est marqué par des paysages « montagnards », vestiges du Massif armoricain, qui s'étendent sur les crêtes de grès de Perseigne à Mortain. Ces Monts portent les points culminants de l'Ouest de la France, les cascades, les sites rocheux et les forêts (Andaines, Ecouves, Sillé). Entre Normandie et Maine, le territoire du Parc garde les traces des « Marches » historiques qui correspondent aux anciennes limites, marquées par la présence de places fortes, entre la Normandie, le Maine et la Bretagne (Domfront, Mortain, Alençon, Lassay-les-Châteaux...).

Des parcours thématiques ont été aménagés sur une dizaine de sites pour découvrir ces patrimoines. Plus d'information sur le site internet ou à la Maison du Parc.

Maison du Parc

61320 CARROUGES
Tél. : 02 33 81 13 33
www.parc-naturel-normandie-maine

Découvrir
le Parc naturel régional Normandie-Maine

De gauche à droite : Fosse Arthour / PHOTO Michaël Houseaux / PNRNM ; Poiré / PHOTO Francis Massias ; Anémone pulsatille / PHOTO Florent Maufay ; Lézard vert / PHOTO Michaël Houseaux / PNRNM

Le Parc naturel régional Normandie-Maine se découvre au fil de ses sentiers et de ses vallées. Créé en 1975, il est à cheval sur les régions Basse-Normandie et Pays de la Loire. Son territoire couvre plus de 257 000 ha et s'étend sur l'Orne, la Manche, la Mayenne et la Sarthe. Il se déploie là où le Massif armoricain, l'un des plus vieux d'Europe, dresse ses derniers contreforts, avant de venir épouser les plateaux calcaires du Bassin parisien.

À l'ouest de Paris, sur la route du Mont-Saint-Michel, en empruntant voies vertes et sentiers de grande randonnée (GR® 22, GR® 36), le territoire des monts de Normandie et du Maine s'ouvre sous les pas des randonneurs, depuis Mamers jusqu'à Mortain.

Vallée de la Sarthe / PHOTO PNRNM

Un pays de **Monts** et de **Marches**

Ici, les pierres racontent l'histoire. Une histoire particulièrement féconde, marquée par les seigneurs de Bellême et les figures de Guillaume le Conquérant et d'Henri Ier Beauclerc. Témoins des rivalités féodales opposant la Normandie et le Maine, de nombreux châteaux s'égrènent d'est en ouest, ponctués d'abbayes et de belvédères, et continuent de défier le temps à Domfront, Lassay-les-Châteaux ou Sillé-le-Guillaume. L'ancienne « Marche historique » s'y dessine telle une frontière jalonnée de forêts et de reliefs naturels. Ces grands sites et hauts lieux touristiques composent les « Monts » de ce territoire.

Une forte **identité paysagère**

Au cœur d'une mosaïque de paysages, les collines succèdent aux plaines, les bois aux pâturages, les tourbières humides aux pierriers arides. Omniprésentes sous forme d'escarpements, de failles et d'affleurements, les roches sont l'héritage d'un long passé. L'histoire géologique du site a débuté il y a 600 millions d'années, alors que la vie était sur terre limitée au seul milieu aquatique.

Barres de **grès**, **rivières** et **zones humides**

Vestige du Massif armoricain, une barre de grès s'étend d'est en ouest, sur près de 100 km, et offre de surprenantes lignes de crêtes couvertes de forêts. Près de 3 000 km de rivières ont creusé leur lit à travers de petites gorges encaissées, au creux desquelles se dissimulent des espèces rares et emblématiques, telles l'écrevisse à pieds blancs ou la mulette perlière. Ces cours d'eau alimentent 4 bassins versants : l'Orne, la Sarthe, la Mayenne et la Sélune. Drosera à feuilles rondes, littorelle des étangs, osmonde royale… les espèces végétales s'épanouissent au cœur de 14 600 ha de tourbières et de zones humides.

Vallée des Toyères / PHOTO PNRNM

Observés sur les versants pentus des lignes de crêtes, les pierriers ou éboulis de pente sont des vestiges de l'ère glaciaire. On en observe sur tout le territoire du Parc, les plus remarquables se concentrant dans les Alpes mancelles.

Le règne de **la forêt**

Forêt de Multonne / PHOTO Michaël Houseaux

Vestiges de la grande forêt qui s'étendait de Chartres à Rennes au Moyen Âge, les forêts couvrent, de nos jours avec près de 47 000 ha, 20 % de la superficie du Parc. Premier massif le plus à l'est du territoire, la forêt de Perseigne offre un relief contrasté, sillonné de nombreux cours d'eau.
Au centre, à cheval sur l'Orne et la Mayenne, la forêt de Multonne abrite le mont des Avaloirs, point culminant de l'Ouest de la France (416 m) et lieu de prédilection du busard saint-martin. Au nord, le massif d'Écouves sert de refuge aux cervidés et aux sangliers. La forêt des Andaines vaste ensemble boisé s'étire à l'ouest du territoire, tandis que la forêt domaniale de Sillé-le-Guillaume s'étend, pour sa part, sur la partie la plus méridionale du Parc.

Jadis exploitées pour alimenter les hauts fourneaux et extraire le fer, les forêts ont aujourd'hui pansé leurs plaies. Sur les terres surexploitées, des peuplements de résineux ont remplacé les feuillus d'antan, et voisinent avec le hêtre et le chêne, essence la plus exploitée. Les débouchés sont variés (charpente, menuiserie, bois de chauffage…).

Lieux mystiques souvent tapis dans la brume, les forêts ont donné vie à un folklore peuplé de fées, de légendes arthuriennes (Fosse-Arthour) et de créatures fantastiques, errant à la recherche des promeneurs égarés. Ces forêts, peu habitées, ont aussi été le refuge de nombreux ermites.

Le pays du bocage et **des landes**

PAYSAGE DE BOCAGE / PHOTO Francis Massias

Création du Moyen Âge, le bocage a progressivement façonné le paysage normand. À l'origine, il abritait les cultures, pour laisser place à la prairie au XIXe siècle. Refuge de la chevêche d'Athéna, il tisse, depuis les lisières forestières, un maillage à travers la campagne et abrite des poiriers haute-tige.

Cet élément identitaire du paysage ne cesse de régresser malgré ses innombrables vertus – protection des sols, maintien de la biodiversité… – et offre également une source d'énergie durable, grâce au bois issu de l'entretien des haies.

Piquetée de boqueteaux, la lande occupe aussi le terrain. Cette formation végétale, implantée sur des sols pauvres et acides, se compose d'arbrisseaux à feuilles persistantes. Autrefois gagnée sur la forêt du fait du déboisement et désormais délaissée par l'agriculture (jusque dans les années 1950, la fougère servait de litière aux animaux, la bruyère était utilisée pour les balais et le bois pour le four des boulangers), elle présente aujourd'hui un fort intérêt paysager et écologique.

Patrimoine et **traditions**

Dotée d'un riche patrimoine historique et religieux, Alençon est célèbre pour sa technique de la dentelle qui lui a valu son classement au patrimoine de l'humanité.

De là, les pas mènent aux Alpes mancelles, bien nommées avec leur physionomie montagnarde. À la limite sud

TOUR DE BONVOULOIR / PHOTO Julien Crocis

du département de l'Orne se hisse, sur un piton rocheux, l'un des plus beaux villages de France, Saint-Céneri-le-Gérei, qui a inspiré de nombreux peintres de renom, tels Corot ou Courbet.
Dans la vallée de la Sarthe, en aval d'Alençon, Saint-Léonard-des-Bois surprend par l'amplitude de ses vallons et ses méandres encaissés.

Au nord du Parc, la région de Rânes est une terre de passage anciennement peuplée, dont le patrimoine archéologique remonte au paléolithique moyen (–150 000 à – 40 000 ans). Ici furent mis au jour des objets en pierre taillée. À proximité, Carrouges dresse la silhouette imposante de son château médiéval du XIVe siècle et accueille la Maison du Parc naturel régional Normandie-Maine, logée dans des bâtiments datant, pour la plupart, du XVe siècle.
En se dirigeant vers l'ouest, les sentiers conduisent à Bagnoles-de-l'Orne, célèbre pour ses eaux thermales.

CHÂTEAU MÉDIÉVAL DE DOMFRONT / PHOTO PNRNM

En descendant vers le sud-ouest, en direction de la Mayenne, on rejoint Lassay-les-Châteaux, petite cité de caractère qui doit son nom aux châteaux de Bois-Frou et du Bois-Thibault, aujourd'hui en ruine, et celui de son centre-ville, encore intact.

À l'ouest, la ville médiévale de Domfront révèle les vestiges de son château fort, érigé par Henri 1er Beauclerc, duc de Normandie et roi d'Angleterre, au XIIe siècle. À cheval sur l'Orne, la Manche et la Mayenne, à la limite orientale du Massif armoricain, le Domfrontais, ou Passais, est cette ancienne province conquise sur le Maine par Guillaume le Conquérant en 1050. Ces paysages, comme ceux de Lassay, auraient inspiré Chrétien de Troyes pour l'histoire de Lancelot du Lac. Dans cette région bocagère, une ferme acquise par le Parc à Barenton est devenue la Maison de la Pomme et de la Poire. Ce musée dédié à la fabrication et à la valorisation du cidre, du poiré et du calvados est également un point d'ancrage pour le soutien et le développement des filières cidricoles.

Côté plaisirs gourmands, le Parc se découvre aussi à travers ses fromages de plaine – camembert ou Entrammes. Quant à la délicate tomme de Pail, elle nous vient de la région du mont des Avaloirs, dont le climat et l'altitude, entre 300 et 400 m, ont comme des parfums de montagne.

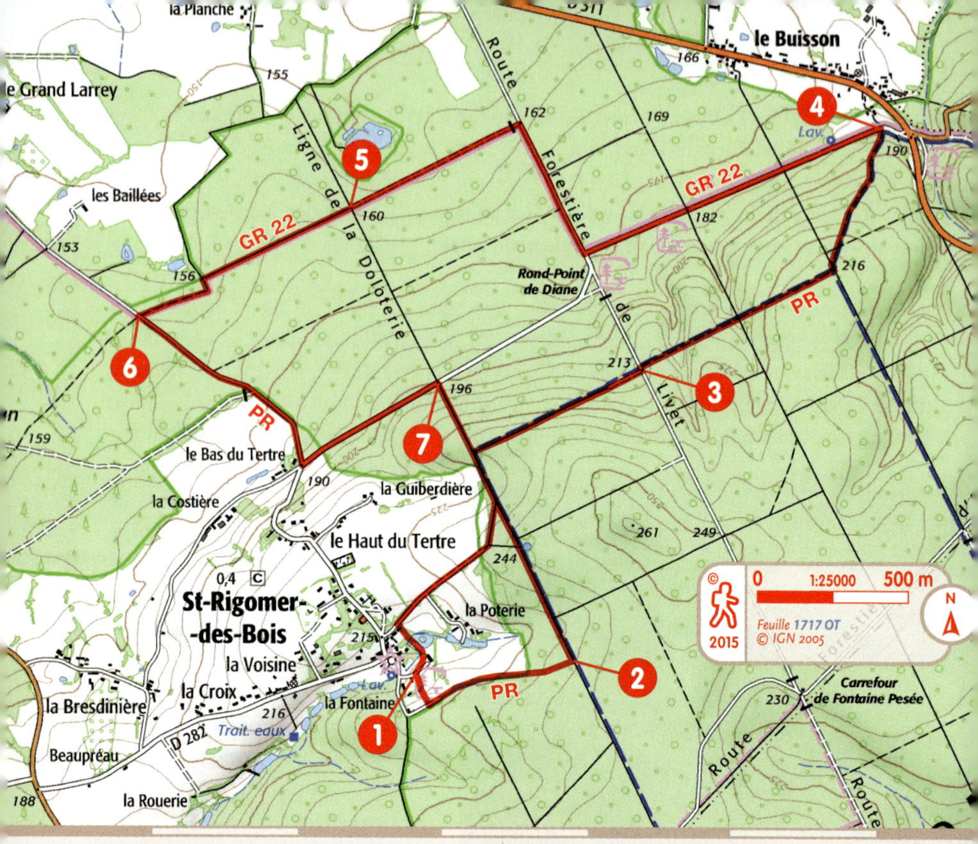

HISTOIRE

La forêt de Perseigne

Jadis, la forêt de Perseigne appartenait à une vaste zone boisée couvrant la région du Perche. On raconte que les troupes de Jules César y auraient trouvé refuge lors de la guerre des Gaules. La venue de saint Rigomer au VIe siècle afin d'évangéliser ces contrées et les moines de l'abbaye de Perseigne, au Moyen Âge, participent aux défrichements et dessinent les contours de la forêt. Au XVIIIe siècle, celle-ci est dévastée par les coupes des chênes pour la marine ou la production de charbon de bois pour les forges. En 1844, l'État, alors propriétaire, entreprend de la reboiser. Aujourd'hui, les feuillus représentent 80 % de la surface forestière estimée à environ 5 100 ha, soit deux fois plus qu'au XIXe siècle.

Forêt de Perseigne / photo PNRNM

Saint-Rigomer-des-Bois, à l'ouest du massif

PR® 1

FACILE

2H30 • 8,7KM

Entre lisière et sous-bois, cet itinéraire offre une découverte de l'extrême ouest du massif de Perseigne. Dans cette diversité de chemins forestiers, vous découvrirez aussi un vaste panorama sur Alençon, sa plaine et les hauteurs voisines.

PIC NOIR / DESSIN P.R.

1 Du parking, emprunter les escaliers et traverser le jardin et la prairie. À la lisière de la forêt, prendre à gauche sur le chemin jusqu'au bout de la parcelle 128.

2 Tourner à gauche : descendre par un chemin puis remonter et passer devant un réservoir. Continuer jusqu'au bout de la parcelle 135. Tourner à droite et déboucher sur une route forestière.

3 S'avancer en face sur un sentier. Par une succession de descentes et montées, atteindre un plateau. Au carrefour, bifurquer à gauche sur un sentier descendant à une route.

4 Suivre la route à gauche (sentier GR® 22 *Chemin du Mont-Saint-Michel*). Au carrefour, tourner sur la route à droite, puis sur le deuxième chemin d'exploitation à gauche.

5 À la place, continuer en face (GR® 22) sur un chemin plus étroit. Aller à gauche puis à droite pour arriver sur une petite route.

6 Quitter le GR® 22 en suivant la route à gauche. Aux maisons du Bas du Tertre, prendre la route à gauche vers Le Buisson.

7 Avant la descente, prendre la piste en montée raide entre les parcelles 126 et 134. S'engager à droite sur le chemin qui longe la lisière. Sortir de la forêt et descendre vers le village (*panorama*). Ignorer le hameau de la Poterie à gauche, puis prendre à gauche un sentier le long d'une maison. Regagner le parking en passant près d'un étang.

S SITUATION
Villeneuve-en-Perseigne - Saint-Rigomer-des-Bois, à 10 km au sud-est d'Alençon, par les D 19 et D 282

P PARKING
salle des fêtes, dans le bourg par la route qui contourne l'église

/ DÉNIVELÉE
altitude mini et maxi, dénivelée cumulée à la montée

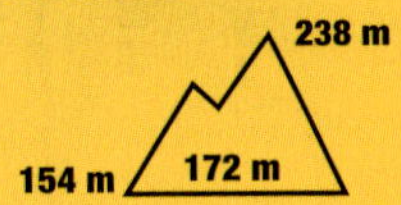

B BALISAGE
jaune

! DIFFICULTÉS !
montée raide après **7**

À DÉCOUVRIR...

> En chemin :
- panorama sur la plaine d'Alençon
- massifs forestiers d'Écouves et de Multonne
- butte Chaumont

> Dans la région :
- Saint Rigomer-des-Bois : château de Courtilloles (XVIIIe)
- forêt de Perseigne, belvédère et parcours pédagogique du Réseaux des sites emblématiques « Mont et Marches »

Lassay-les-Châteaux
Niort la Fontaine
Bignon
PARC NATUREL RÉGIONAL
PR
Commerson
la Villette
la Rivière
la Gallière
le Petit Guéné
le Grand Guéné
les Baries
la Roussière
Bel Éclair
le Bois Frou
la Loge
la Rousselette
la Basse-Cour
la Noë
le Bois Thibaut
Chât. ruiné
les Morelles
Chapelle St-Roch
la Chaugonnière
les Hautes Rouves
les Basses Rouves
Chapelle St-Mathieu
la Futaie
la Besnardière
la Fosse
la Haute Cour
Chât. rné
la Métairie
Cormeille
Beauchêne
le Bois Jacob
la Génotière
le Rocher
l'Épiardière
Cibois
la Bernerie
la Guiberdière
la Sourderie
le Rochelet
la Moricière
le Clos
Louverné
Monceau
la Grélayère
la Sabrie
la Ménardière
le Fresne
Chât. d'eau
les Besneries
les Brosses
le Gué
la Petite Janvrie
les Hêtres
la Landelle
la Guilbardière
la Chauvinière
les Rochers
la Gaudinière
la Rochelle
St. pomp.
la Fontaine Rouillé
Ruisseau de Lassay
Ruisseau de Beauchêne
Maison Neuve
Trait. eaux
Piste cyc
D 243
D 219
D 33
D 117
D 216
0 1:25000 500 m
N
2015
Feuilles 1516 O, 1516 E
© IGN 2004
1
2
3
4
5
6
7

Au **pays** de **Lancelot** du **Lac**

De Lassay-les-Châteaux, petite cité de caractère à Niort-la-Fontaine, découvrez les paysages qui ont inspiré Chrétien de Troyes au XIIe siècle alors qu'il écrivait l'histoire de Lancelot du Lac, chevalier de la Table Ronde.

1 Sortir du village par la D 117, puis par la première route qui descend à gauche. Après 130 m, tourner dans la rue à droite, puis à gauche sur un chemin d'exploitation. Poursuivre par un chemin plus étroit descendant dans un vallon.

2 Emprunter la passerelle et poursuivre à droite le long du ruisseau sur le sentier qui remonte vers les ruines du château du Bois Frou, puis la route ; la prendre à droite. À la fourche, aller à droite. En bas, suivre à gauche le chemin en rive gauche du ruisseau. Continuer en traversant à plusieurs reprises le ruisseau par des aménagements. Remonter ensuite par un sentier, puis par la route vers Niort-la-Fontaine.

3 Sur la place, traverser la D 219 et suivre la rue des Hortensias. Prendre la première rue à gauche et, au bout, tourner à droite. Traverser la Gaudinière, puis à la Chauvinière, aller à gauche vers les Rochers. Poursuivre sur un chemin le long du bois.

4 Tourner à droite. Descendre et sortir des bois. Au croisement des chemins, s'avancer à droite jusqu'à la route ; l'emprunter à gauche. Au carrefour à l'entrée de la Guilbardière, s'engager sur un chemin à droite.

5 Descendre par un chemin à droite *(menhir, dolmen)* et gagner Bignon. Par la rue à gauche, passer près du manoir et continuer jusqu'à la D 219. Tourner à droite.

3 Traverser Niort-la-Fontaine par la rue des Tilleul. Suivre à gauche la C 7 en direction de Lassay.

6 Au calvaire, bifurquer à gauche vers Cormeille. Au hameau, tourner sur le chemin à gauche puis à droite. Plus loin à droite, remonter par un chemin vers une route. Aller à gauche sur 50 m.

7 Obliquer sur un chemin à droite. Au carrefour, prendre à droite. Contourner le plan d'eau par la droite et remonter le long du château en direction de Lassay.

PR® 2

MOYEN

4H • 15,5KM

S SITUATION
Lassay-les-Châteaux, à 20 km au nord-est de Mayenne par la D 34

P PARKING
centre-ville, à proximité du Château

DÉNIVELÉE
altitude mini et maxi, dénivelée cumulée à la montée

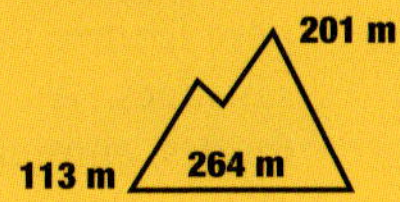

B BALISAGE
jaune

À DÉCOUVRIR...

> En chemin :
- Bignon : manoir (XVIe)
- dolmen et menhir « Pierre Robert »
- châteaux de Lassay et Bois Frou

> Dans la région :
- Lassay-les-Châteaux : jardin médiéval, château de Bois-Thibault, parcours pédagogique « Lassay-les-Châteaux, le pays de Lancelot » (7 km) du Réseaux des sites emblématiques « Mont et Marches ».

LÉGENDES

LASSAY-LES-CHÂTEAUX, PAYS DE LANCELOT

C'est un univers de mythes et de légendes qui relie Lancelot du Lac et Lassay-les-Châteaux. Entre le chevalier héroïque et l'ermite saint Fraimbault qui résida dans la région au VIe siècle, il y a en effet bien des mystères et des similitudes troublantes qui continuent à enflammer l'imagination des amateurs de romans arthuriens.

D'abord, le site de Lassay est une « Marche » : ce terme désigne une frontière formée de vastes espaces boisés et sauvages. Au cœur de ces forêts profondes, empreintes de magie, se situent de nombreux récits du Moyen Âge mêlant royaumes imaginaires, figures romanesques et aventures mystiques. Œuvre de Chrétien de Troyes au XIIe siècle, Lancelot ou le Chevalier de la Charrette met en scène le héros célèbre à l'esprit courtois et à l'âme noble et pure. En franchissant les forêts et les frontières sacrées, Lancelot surmonte des épreuves tout au long de ce qui se révélera être un véritable parcours initiatique.

PARCOURS SUR LES TRACES DE LANCELOT / PHOTO PNRNM

En outre, le fameux chevalier de la Table ronde fait de sa vie une quête, une errance qui n'est pas sans rappeler celle des ermites venus chercher l'isolement dans les terres inhabitées du Passais. D'ailleurs, Fraimbault, le premier habitant de Lassay, n'est-il pas un ermite devenu saint ? Ne ressemble-t-il pas étrangement à Lancelot ? Son nom latin *Frambaldus de Laceio* n'a-t-il pas pour racine le terme « fram » signifiant lance ? Autant de questions sans réponses, qui n'ont pas fini de faire parler les chroniqueurs…

PARCOURS SUR LES TRACES DE LANCELOT / PHOTO PNRNM

HISTOIRE

Les châteaux défensifs du Maine

Château de Bois Thibaut / PHOTO Francis Massias

Situé à la frontière de la Normandie et de l'Anjou, le comté du Maine constitue un État tampon jusqu'à la fin du Moyen Âge. Ce territoire d'une haute importance stratégique est en effet au cœur des nombreuses rivalités qui opposent le comté d'Anjou et le duché de Normandie. À cette époque, les hostilités sont incessantes, chacun cherchant à imposer son pouvoir par la force voire le pillage. Pour sécuriser les frontières, les comtes du Maine s'emploient à élever nombre de donjons et de forteresses, et offrent des terres à de nouveaux seigneurs. Ainsi en est-il de Herbert 1er Éveille-Chien qui, au début du XIe siècle, répartit des fiefs entre ses fidèles et autorise la construction de châteaux sur son domaine. Son but ? Contrer les attaques hégémoniques tant de Foulques Nerra, comte d'Anjou, que du roi de France. En absence d'héritier, son descendant, Herbert II, est néanmoins contraint d'accepter la suzeraineté de Guillaume le Conquérant. Mais les barons locaux, tel Geoffroy II de Mayenne, ne se voient pas vaincus et s'ingénient, année après année, à reprendre le territoire par les armes. À Ambrières, comme à Mayenne, à Sillé-le-Guillaume ou à Fresnay-sur-Sarthe, les châteaux fortifiés des seigneurs connaîtront bien des combats. Ce n'est qu'en 1204 que le roi Philippe Auguste s'empare de la Normandie et du Maine pour les rattacher à la France. Ainsi s'achèvent les guerres de succession du comté du Maine, laissant en guise de témoignages d'illustres tours et donjons.

Château médiéval de Lassay / PHOTO PNRNM

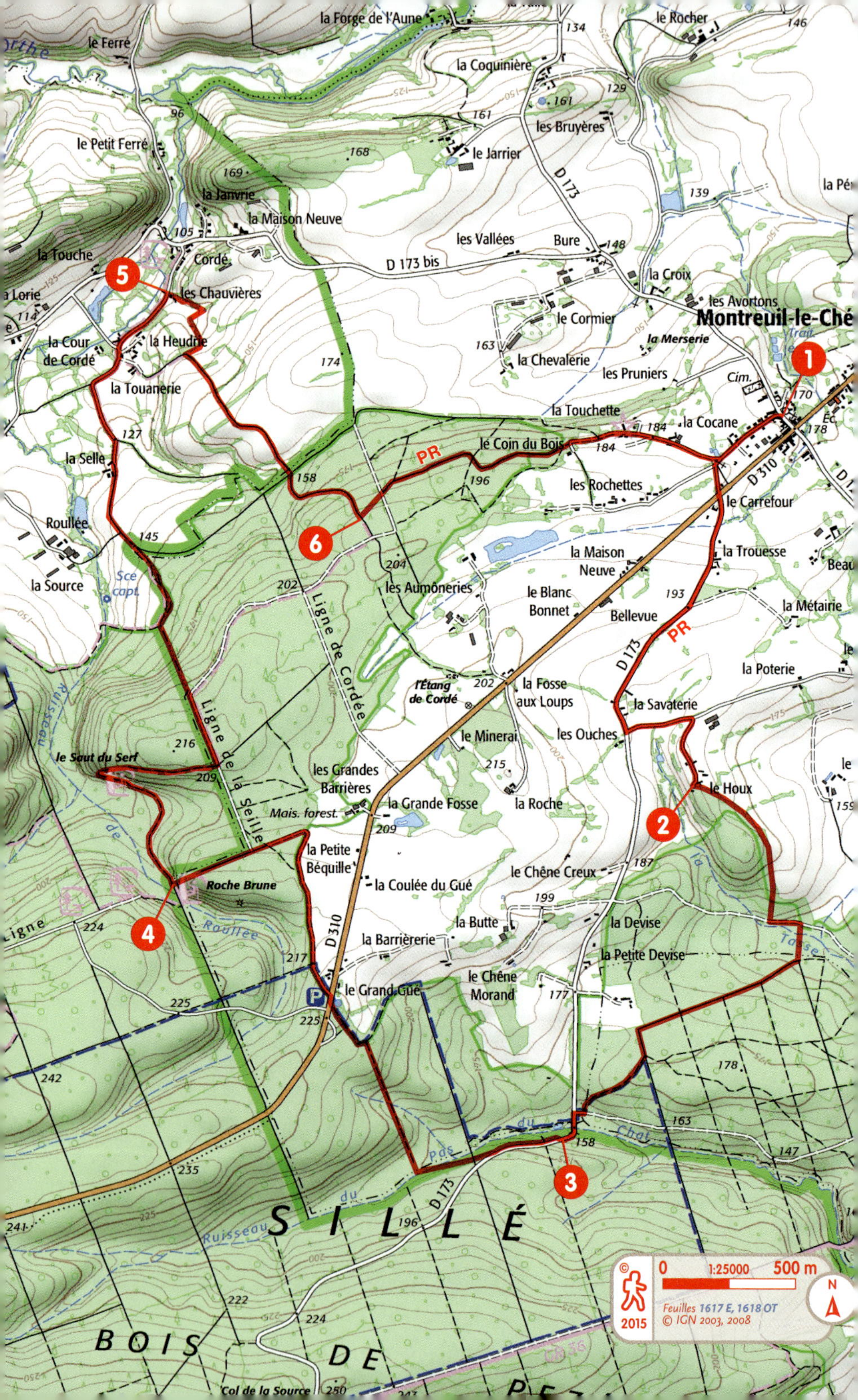
la Forge de l'Aune
le Rocher
le Ferré
la Coquinière
le Petit Ferré
les Bruyères
le Jarrier
la Janvrie
la Maison Neuve
les Vallées
Bure
D 173 bis
la Touche
Cordé
la Croix
les Chauvières
les Avortons
Montreuil-le-Ché
la Cour de Cordé
la Heudrie
le Cormier
la Merserie
la Chevalerie
les Pruniers
la Touanerie
la Touchette
la Cocane
la Selle
le Coin du Bois
PR
les Rochettes
Roullée
le Carrefour
la Trouesse
la Source
les Aumôneries
la Maison Neuve
le Blanc Bonnet
Bellevue
la Métairie
Ligne de Cordée
la Poterie
l'Étang de Cordé
la Fosse aux Loups
la Savaterie
le Minerai
les Ouches
le Saut du Serf
Ligne de la Selle
les Grandes Barrières
la Grande Fosse
la Roche
le Houx
Mais. forest.
la Petite Béquille
la Coulée du Gué
le Chêne Creux
Roche Brune
la Butte
la Devise
la Barrièrerie
la Petite Devise
le Grand Gué
le Chêne Morand
D 310
D 173
S I L L É
B O I S
D E
Col de la Source
0 1:25000 500 m
2015
Feuilles 1617 E, 1618 OT
© IGN 2003, 2008

Roche **Brune**

PR® 3

MOYEN

4H • 13,3KM

Sur les contreforts du massif Armoricain, partez à la découverte de la forêt de la Sillé, marquée par ses affleurements rocheux et ses vestiges industriels des fourneaux qui produisirent du charbon de bois pour la métallurgie.

1 Prendre en face la rue du Logis jusqu'au calvaire et tourner à gauche. Traverser la D 310 *(prudence !)* et marcher environ 1,5 km sur la D 173. Aller à gauche en direction du Houx, puis à droite.

2 À l'entrée de la forêt, descendre le chemin en lisière *(vue sur le manoir de Bernay).* À la route forestière, partir à gauche sur 130 m, puis à droite sur un chemin. Il oblique ensuite à droite et monte en sous-bois. Tourner à gauche entre les parcelles 510 et 511. Peu après, descendre à droite et continuer tout droit. À la D 173, tourner à gauche.

3 Peu après le virage, s'engager sur un chemin à droite, puis monter à droite entre les parcelles 515 et 518. Au Grand Gué, traverser la D 310 *(prudence !)* et continuer en face en lisière sur 500 m. Rester sur la voie principale qui pénètre dans le bois et conduit tout droit à Rochebrune.

4 Prendre à droite le sentier qui descend vers un ruisseau ; le longer jusqu'au gué sans traverser. Suivre le sentier en face et parvenir aux rochers du Saut du Cerf. Grimper à droite et poursuivre jusqu'à la ligne de Seille ; l'emprunter à gauche. Dans le virage, descendre en face, puis continuer par le sentier à droite en lisière. Prolonger tout droit par un chemin agricole puis une route. À la Touanerie, tourner à droite. Ignorer une rue à gauche.

5 Près des habitations des Chauvières, monter à droite sur un chemin de terre. Passer le pont sur l'ancienne voie ferrée et bifurquer à droite, puis à gauche.

6 Virer à gauche (parcelle 102) et descendre légèrement. Suivre en face (parcelle 101) et monter jusqu'au chemin du Coin du Bois. Poursuivre et passer devant le manoir de la Touchette. Continuer tout droit et tourner à gauche au calvaire pour rejoindre le départ.

BRUYÈRE / DESSIN P.R.

S SITUATION
Montreuil-le-Chétif (72), à 10 km au nord-est de Sillé-le-Guillaume par la D 310

P PARKING
place de l'Église

DÉNIVELÉE
altitude mini et maxi, dénivelée cumulée à la montée

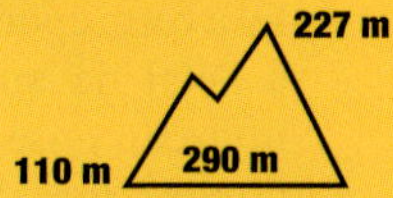

B BALISAGE
jaune

! DIFFICULTÉS !
montée raide entre **4** et **5**

À DÉCOUVRIR...

> En chemin :
- roche Brune
- saut du Cerf
- manoir de la Touchette

> Dans la région :
- Sillé-le-Guillaume : château, Sillé-Plage

ENVIRONNEMENT

LE MASSIF DE SILLÉ

Dressé à la frontière de la Sarthe et de la Mayenne, le massif de Sillé a longtemps payé son tribut à l'homme et a fait l'objet d'une exploitation intensive. Dès le XVIe siècle, cette forêt domaniale de 3 360 ha, assise sur une butte rocheuse datant de l'ère primaire, fournit du bois pour alimenter le haut-fourneau de Cordé (Mont-Saint-Jean). L'essor de l'industrie métallurgique est tel à cette époque que la forêt est réduite à l'état de taillis. Cette dernière est à nouveau mise à mal durant la Seconde Guerre mondiale avec de nombreux incendies et les coupes de bois de chauffage destiné aux villes environnantes, telles Alençon ou Le Mans.

À partir de 1945, des efforts sont entrepris afin de reconstituer les futaies de chênes et de hêtres visant à produire du bois d'œuvre de qualité. Des pins sylvestres et des douglas sont alors replantés sur plus de la moitié de la surface, tandis que des peuplements de feuillus (hêtres et chênes) sont reconstitués.

Aujourd'hui, la forêt de Sillé a retrouvé son visage multiple. Aux landes, lisières et escarpements rocheux se succèdent des tourbières, des ruisseaux, des mares et des étangs qui en font une zone touristique attractive, dont le Grand Étang (34 ha). Sa vocation de lieu de détente populaire est ainsi assurée pour la joie des sportifs et des touristes profitant de sa plage et de sa base de loisirs.

Avec la première guinguette en 1925 de M. Richefeu, surnommé Coco, les bords du lac sont fréquentés par les Silléens qui viennent parier à l'hippodrome, pique-niquer… Coco-plage était né.

LANDES EN FORÊT DE SILLÉ / PHOTO Florent Maufay

FAUNE ET FLORE

UN RÉSERVOIR DE BIODIVERSITÉ

La forêt de Sillé se caractérise par l'extrême diversité de ses milieux naturels qui lui a valu son classement, en partie, en site Natura 2000. Destiné à protéger des territoires jugés rares et fragiles, ce dispositif permet d'en conserver la richesse patrimoniale. Si le rare lycopode en massue – fougère aujourd'hui protégée – y a été découvert en 1800, ce ne sont pas moins de 551 espèces qui, aujourd'hui, ont été inventoriées ici.

Les travaux de restauration menés au cœur du site par le Parc et l'Office national des forêts (ONF) ont permis de préserver les landes sèches et humides, les tourbières et les plans d'eau. Juste retour des choses, des espèces animales et végétales se sont maintenues, tandis que d'autres ont réapparu. Ainsi en est-il du drosera à feuilles rondes, plante carnivore protégée, qui a marqué ici son retour. D'autres variétés, bénéficiant d'une protection nationale, ont trouvé également refuge dans la forêt, telles la pilulaire à globules et la littorelle des étangs qui, l'été, investissent les berges humides.

Côté faune, on dénombre une importante population d'oiseaux dont les busards Saint-Martin, les engoulevents et les pics cendrés ne sont que les quelques représentants. Si le loup, la loutre et le sonneur à ventre jaune ont déserté les lieux, le triton marbré reste menacé sur le territoire du Parc. En revanche, on ne peut que se réjouir de la présence de l'écrevisse à pattes blanches ou de la truite fario, témoins d'un milieu aquatique d'une grande pureté.

BRUYÈRES / PHOTO PNRNM

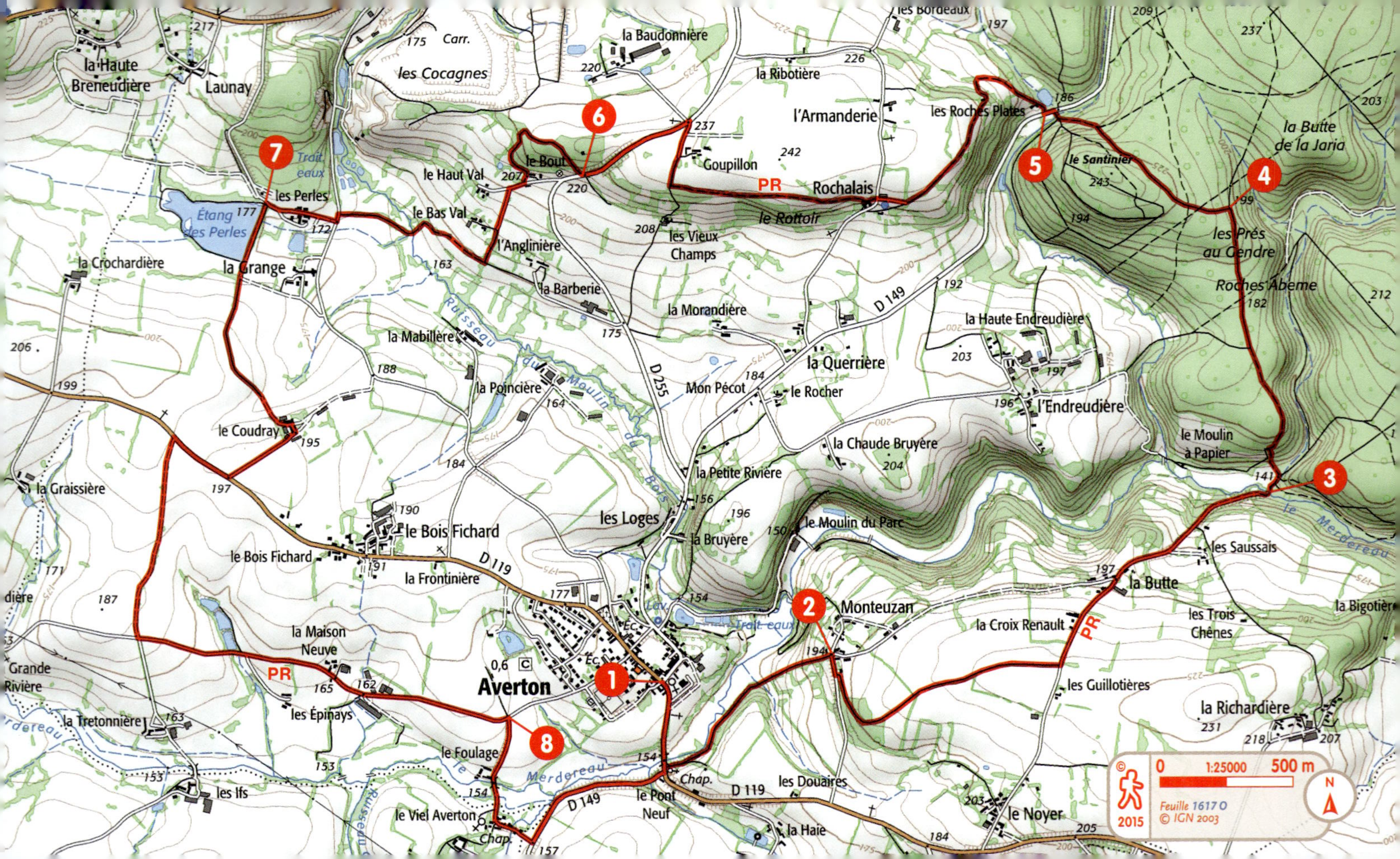

Averton
la Haute Breneudière
Launay
les Cocagnes
Carr.
la Baudonnière
la Ribotière
l'Armanderie
les Roches Plates
les Bordeaux
la Butte de la Jaria
le Santinier
les Prés au Cendre
Roches Abême
le Moulin à Papier
le Merdereau
les Saussais
la Butte
la Bigotière
les Trois Chênes
la Croix Renault
les Guillotières
la Richardière
le Noyer
Monteuzan
le Moulin du Parc
les Douaires
la Haie
le Pont Neuf
Chap.
D 119
D 149
D 255
la Haute Endreudière
l'Endreudière
la Chaude Bruyère
la Querrière
le Rocher
Mon Pécot
la Petite Rivière
la Bruyère
les Loges
Rochalais
le Rottoir
Goupillon
les Vieux Champs
la Morandière
le Bout
le Haut Val
le Bas Val
l'Anglinière
la Barberie
Ruisseau du Moulin du Bois
la Mabillère
la Poincière
les Perles
Trait eaux
Étang des Perles
la Grange
la Crochardière
le Coudray
la Graissière
le Bois Fichard
la Frontinière
la Maison Neuve
les Épinays
le Foulage
le Viel Averton
les Ifs
la Tretonnière
Grande Rivière
PR
0 500 m
1:25000
Feuille 1617 O
© IGN 2003
2015
N
1
2
3
4
5
6
7
8

Le **sentier panoramique** des **Perles**

À la découverte de nombreux panoramas sur la vallée du Merdereau et les collines du Maine. Un village chargé d'histoire à la frontière de paysages changeants.

1 Prendre à droite de l'église la D 119 jusqu'à la chapelle du Pont-Neuf. Suivre à gauche le chemin creux qui longe la rivière pour rejoindre Monteuzan. Faire environ 80 m par la route à droite.

2 Monter à gauche par un chemin de terre. Au goudron, tourner à gauche vers la Croix Renault, puis gagner la Butte. Continuer en face pour descendre à la rivière.

3 Franchir le Merdereau sur un pont en ciment *(pont du Ton-d'Orthe)* et continuer en empruntant le sentier de gauche qui monte sensiblement sous le couvert de la forêt de Pail.

4 Au carrefour des sentiers des Prés-au-Gendre, tourner à gauche en direction de la butte du Santinier, puis descendre rapidement à la D 179 ; l'emprunter à gauche sur quelques mètres.

5 S'engager à droite le long d'une propriété. Gravir le chemin creux et, au carrefour, tourner à gauche pour passer devant une maison abandonnée. Poursuivre jusqu'à la ferme de Rochalais. À la route, emprunter en face le sentier du Rottoir vers Goupillon. Suivre la D 255 à gauche sur environ 500 m.

6 La quitter pour un chemin à droite dans le sous-bois : il contourne le Bout. Par la route à droite, puis sur le chemin à gauche, descendre pour bifurquer à droite en bas. Le chemin franchit un ruisseau, puis rejoint une route. Sur la gauche, suivre l'accès au site des Perles.

7 Longer la levée de l'étang par le chemin du Coudray, puis au virage, aller en face jusqu'au Coudray. Tourner à droite dans le hameau. Prendre la D 119 à droite sur 200 m pour s'engager à gauche dans un chemin. À la route, aller à gauche, passer la Maison-Neuve.

8 Au carrefour, tourner à droite vers le Foulage et Vieil-Averton. À la chapelle (XVIIe siècle), gagner la D 149 à gauche, puis le Pont-Neuf sur le Merdereau à gauche. Remonter à Averton.

PR® 4

DIFFICILE

4H30 • 15KM

S SITUATION
Averton (53), à 5 km à l'est de Villaines-la-Juhel par la D 119

P PARKING
parking de l'église

/ DÉNIVELÉE
altitude mini et maxi, dénivelée cumulée à la montée

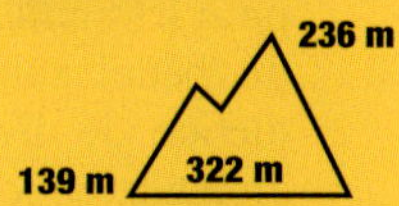

B BALISAGE
jaune

! DIFFICULTÉS !
- montée raide
- vigilance avec les autres utilisateurs, VTT, cavaliers

À DÉCOUVRIR...

> En chemin :
- chapelle du Viel Averton
- vallée du Merdereau
- forêt de Pail
- site des Perles

> Dans la région :
- corniche et forêt de Pail
- Alpes Mancelles
- Villaines-la-Juhel, conservatoire *Le Pot au lait*

ENVIRONNEMENT

La haie bocagère

Jeune haie / Photo PNRNM

En cherchant à gagner de la surface cultivable sur la forêt, l'homme a planté des haies, dès le XIIe siècle, avec un usage multiple : réserve de bois et de chauffage, protection des cultures vis-à-vis de la faune sauvage, nourriture pour les animaux, parcage du bétail suite à l'interdiction de divagation des animaux en forêt… Après une période de recul initiée au cours du XXe siècle, le réseau bocager régresse aujourd'hui moins vite ; sa conservation participe au maintien de la biodiversité.

La haie rassemble une multitude d'espèces végétales qu'il convient d'adapter au sol et au climat. Jusqu'à 300 espèces végétales peuvent ainsi être réunies entre les arbres de grande taille, tels que le hêtre, le chêne, le charme ou le châtaignier, et les essences buissonnantes comme le houx, le prunellier ou le fusain. La haie bocagère se caractérise également par son association à des talus et des fossés. C'est ainsi qu'elle peut lutter efficacement contre l'érosion des sols et limiter le transfert des polluants aux rivières, ces derniers étant absorbés par les racines des arbres. Le bois issu de l'entretien des haies – bûches et bois déchiqueté – constitue, par ailleurs, une source d'énergie neutre face au réchauffement climatique.

En plus d'offrir une protection naturelle au vent, ce maillage attire de nombreux oiseaux, insectes et mammifères, qui y trouvent un lieu de refuge, de nourriture et de reproduction. Ainsi, les multiples haies du bocage domfrontais (voir p. 40) contribuent-elles à pérenniser un patrimoine paysager unique.

Bois déchiqueté bocager / Photo PNRNM

TERROIR

La Maison de la pomme et de la poire

Pays de prédilection des pommiers et des poiriers, la Normandie a hérité d'une longue tradition cidricole qui remonterait au XIIe siècle. Quoi de plus naturel donc pour le Parc naturel régional Normandie-Maine, largement investi au cœur de son territoire, de rendre hommage à ce savoir-faire en le faisant connaître auprès du grand public. C'est chose faite depuis 1983, date de l'ouverture de la Maison de la pomme et de la poire, à Barenton, laquelle a pris ses quartiers dans un ancien corps de ferme en pierre, torchis et pans de bois du Mortainais-Domfrontais.
Encadrés comme il se doit de vergers, la grange, l'étable et le fournil abritent un musée qui offre un parcours d'initiation aux techniques de transformation de ces deux fruits. Les outils – dont un imposant pressoir – et les méthodes liés à la filière y sont exposés avec, en complément, de nombreuses manifestations, tels les démonstrations de greffage ou les ateliers dégustation de jus de pomme ou de poire pour les enfants.
Occupant une superficie de 2 ha cernés de haies bocagères, un verger conservatoire a été planté au cœur du domaine afin d'abriter un patrimoine menacé et d'exposer la diversité des espèces. Plus de 300 arbres et près de 110 variétés de pommes et de poires y sont aujourd'hui rassemblés.
La Maison de la pomme et de la poire est en outre engagée auprès des acteurs de la filière cidricole, ce qui a permis notamment d'aboutir à l'appellation d'origine du poiré Domfront (voir p.36).

Maison de la pomme et de la poire / PHOTO Bérengère Jéhan

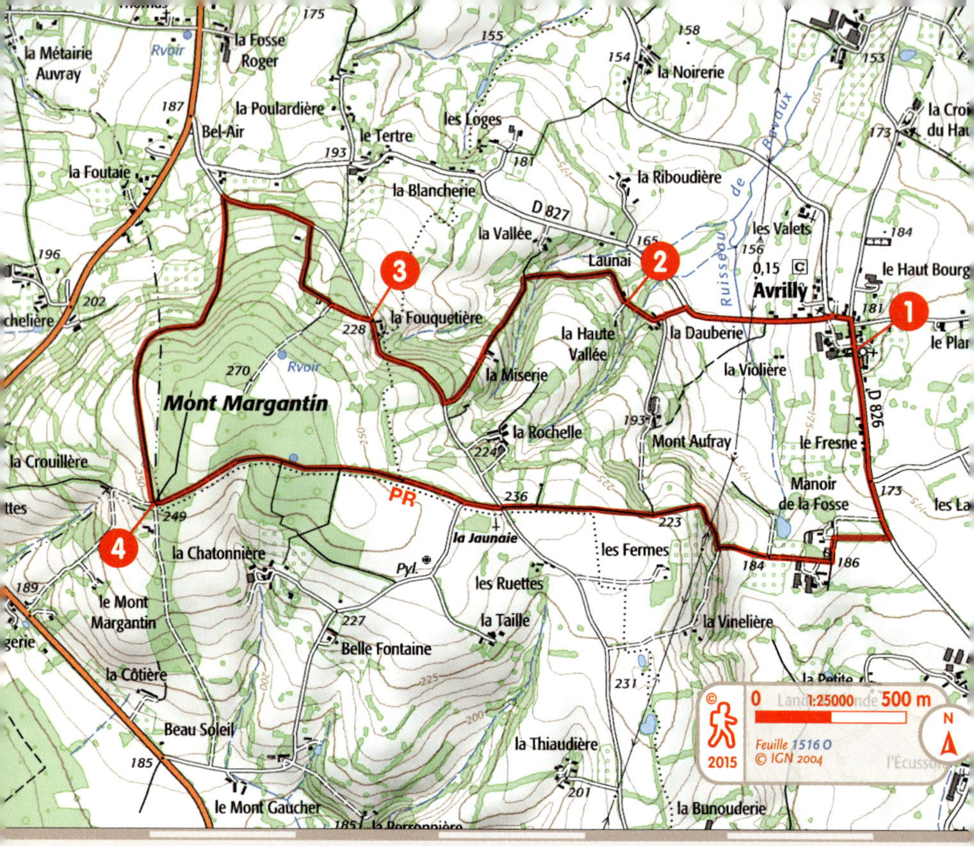

TERROIR

Le poiré et le verger domfrontais

Jadis, le poirier constituait l'espèce dominante du bocage normand, avant de céder la place au pommier. La fabrication du poiré, obtenu à partir de la fermentation du jus de poires, daterait des Gaulois. Saint Jérôme évoque même dans ses écrits ce délicat breuvage pétillant sous le nom de piracium.

Provenant de vergers hautes tiges uniques en Europe, le poiré est produit à petite échelle sur un territoire regroupant 41 communes proches de Domfront, à la frontière de l'Orne, de la Manche et de la Mayenne. Il bénéficie désormais d'une appellation d'origine protégée (AOP) qui fédère une vingtaine de producteurs récoltants, assurant une récolte annuelle de 158 000 bouteilles.

DÉGUSTATION DU POIRÉ AOP / PHOTO DÉMARCHE MARKETTING

Le **mont Margantin**

PR® 5

FACILE

2H20 • 7,4KM

Au cœur du bocage du Passais et du Domfrontais, évoluez sur les flancs du mont Margantin. Prenez garde en ces terres marquées de légendes toujours très présentes.

FLEUR DE POIRIER / DESSIN P.R.

1 De l'église, remonter vers le nord et tourner à gauche au croisement vers Saint-Brice. Au calvaire, bifurquer à gauche. Continuer tout droit sur la route et après un virage à droite, prendre la route de gauche. Passer la Dauberie et tourner à droite en direction de la Haute Vallée.

2 Continuer sur le chemin en face. Après le petit vallon, monter à gauche par un chemin. À la Miserie, continuer par le chemin plus large jusqu'à la route ; la suivre à droite *(prudence !)*.

3 À la Fouquetière, traverser la route et monter à gauche par le chemin carrossable. Au croisement, poursuivre tout droit : le chemin redescend à la route. L'emprunter à gauche sur 300 m. Dans le virage à droite, juste avant la sortie du bois, virer à gauche : le chemin grimpe sur le côté ouest du mont Margantin. Après un replat, atteindre un croisement avec un calvaire.

4 Prendre à gauche sur le large chemin jusqu'à la route. Continuer tout droit, puis au carrefour avec trois calvaires, suivre le chemin en face. Filer en direction du Manoir *(château)*. Face à l'entrée du château, rejoindre la route à droite par l'allée bordée d'arbres. Regagner alors le bourg d'Avrilly à gauche.

POIRIERS EN FLEURS / PHOTO PNRNM

S SITUATION
Avrilly (61), 8 km au sud de Domfront par la D 962 puis la D 826

P PARKING
à proximité de l'église

/ DÉNIVELÉE
altitude mini et maxi, dénivelée cumulée à la montée

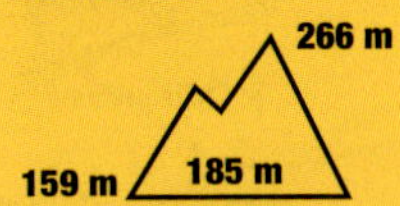

B BALISAGE
jaune

! DIFFICULTÉS !
- quelques chemins très humides
- prudence sur les routes

À DÉCOUVRIR...

> En chemin :
- panoramas sur Domfront et le bocage
- mont Margantin

> Dans la région :
- Domfront, cité médiévale
- route du Poiré

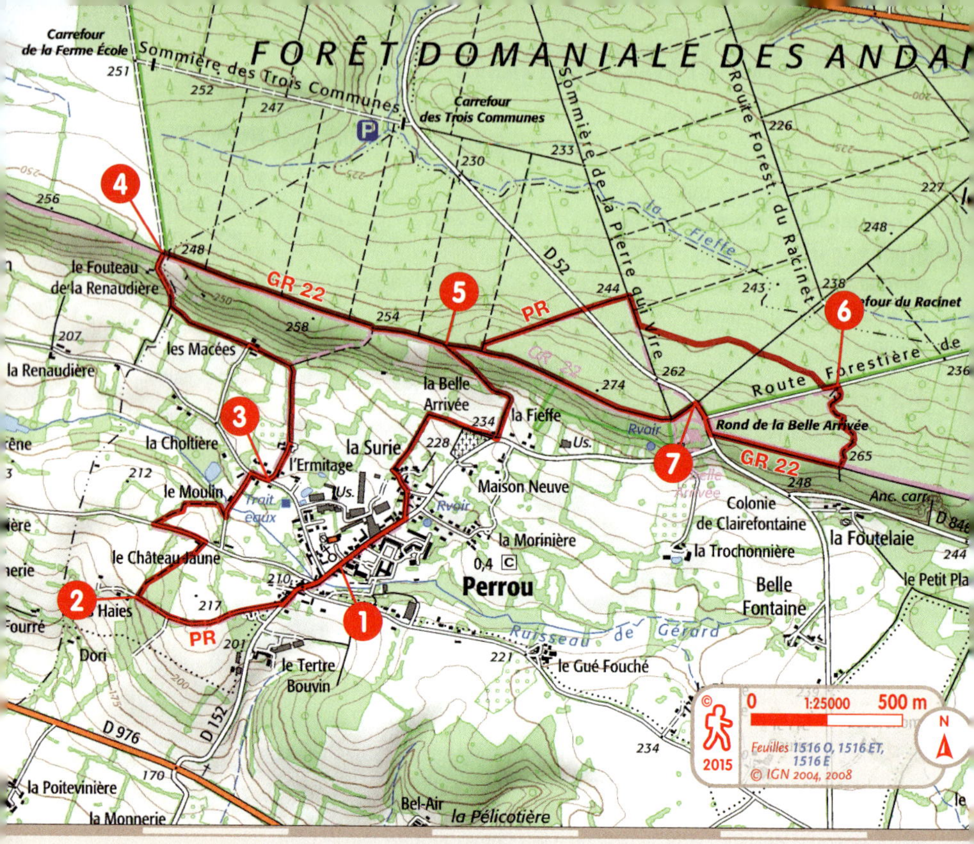

ENVIRONNEMENT

LES ZONES HUMIDES, UN ENJEU PRIORITAIRE

Si le territoire du Parc Normandie-Maine se distingue par son vaste réseau hydrographique – 3 000 km de cours d'eau alimentent 4 bassins versants : Orne, Sarthe, Mayenne et Sélune –, il comporte aussi 14 600 ha de zones humides. À l'échelle de la forêt des Andaines, ce ne sont pas moins de 460 mares, qui abritent certaines espèces menacées.

Dans un pays où la moitié des zones humides a disparu en l'espace de trente ans du fait de l'activité humaine, la question de leur préservation et de leur restauration s'avère cruciale. Il s'agit désormais de maintenir la qualité de l'eau, d'assurer la survie de la faune et de la flore, et, plus généralement, de sauvegarder l'équilibre naturel de la région.

ZONE HUMIDE / PHOTO PNRNM

La **Belle Arrivée**

Campagne changeante, belles fermes traditionnelles et ligne de crête de la forêt des Andaines guideront vos pas sur cet itinéraire.

1 De l'église, descendre vers le sud par la D 152. Laisser deux routes sur la droite, puis dans le virage, aller en face vers Pierre-Blanche. Avant le panneau de sortie du village, prendre à droite en direction des Haies.

2 Juste avant la sortie d'un bois, s'engager sur un chemin montant à droite. Déboucher sur la C 7 ; l'emprunter à gauche sur 180 m, puis tourner à droite sur un chemin bordé d'arbres. À la route, prendre à gauche, puis à droite au carrefour.

3 Tourner presque aussitôt à gauche par l'Ermitage. Traverser le hameau et poursuivre la montée par un chemin. À la bifurcation, partir à gauche vers les Macées. Aux maisons, continuer en face, puis tourner à droite par le Fouteau de la Renaudière pour gagner la crête.

4 S'avancer à droite *(GR® 22 Chemin du Mont-Saint-Michel).*

5 Ignorer un chemin à droite. Peu après, tourner à gauche au bout de la parcelle 469, puis de suite à droite. Traverser la D 52 et rejoindre la sommière de la Pierre-qui-Vire. Aller à droite sur 100 m, puis pénétrer à gauche dans la parcelle 461. Le sentier franchir la ligne de parcelle et poursuit à travers la parcelle 452 jusqu'à la route forestière de Lucé ; la suivre à gauche sur 50 m.

6 Tourner à droite sur un chemin parfois humide. Monter ainsi pour arriver au GR® 22 ; cheminer à droite. À la Belle Arrivée, suivre le GR® 22 à droite par la D 52.

7 Prendre le chemin à gauche. Retrouver une bifurcation de l'aller.

5 Descendre sur le chemin à gauche, et avant la route, bifurquer à droite le long du cimetière. Se diriger à gauche vers le village par un chemin bordé d'arbres. Continuer par une rue, puis tourner à droite pour regagner le départ.

Salamandre / Dessin P.R.

PR® 6

FACILE

2H45 • 8,4KM

S SITUATION
Perrou (61), à 8 km à l'est de Domfront par les D 976 et D 152

P PARKING
place de l'Église

/ DÉNIVELÉE
altitude mini et maxi, dénivelée cumulée à la montée

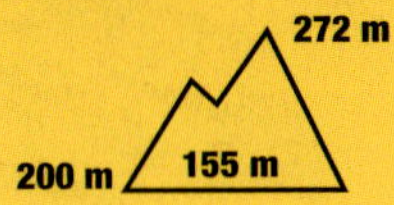

B BALISAGE
jaune

À DÉCOUVRIR...

> En chemin :
- église Notre-Dame-de-Pitié
- forêt des Andaines
- panorama sur le bocage

> Dans la région :
- Domfront, cité médiévale
- forêt domaniale des Andaines
- Bagnoles-de-l'Orne, station thermale

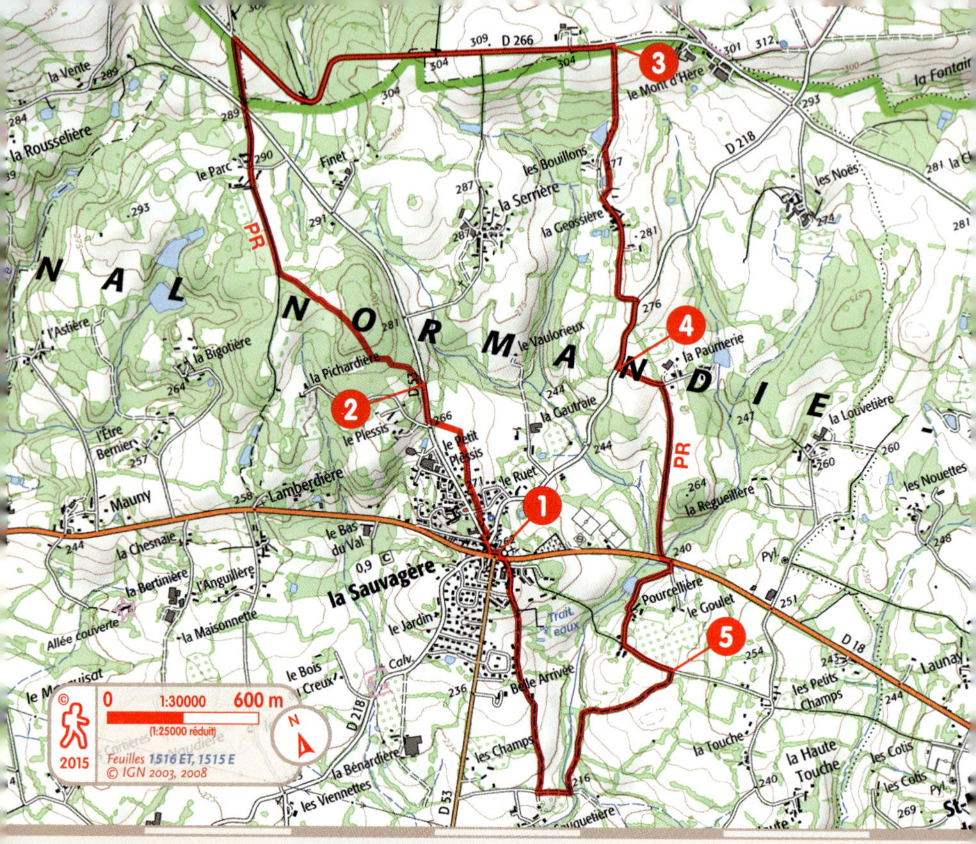

ENVIRONNEMENT

La reconquête du bocage

Développé depuis le Moyen Âge, le bocage a façonné le paysage normand. Autour de chaque ferme jouxtant des bois et des landes, des prairies encloses de talus et de haies abritaient des vergers de pommiers à cidre. Ainsi se constituèrent des zones bocagères, assurant la protection des cultures et fournissant fourrage et bois de chauffage. Vers le milieu du XXe siècle, l'extension des labours et l'intensification de l'élevage entraînèrent la réduction voire la suppression du bocage. Il s'agissait alors d'agrandir les parcelles pour accroître la production agricole. Aujourd'hui, la prise de conscience des agriculteurs et des collectivités contribue à valoriser le paysage naturel et à sauvegarder le bocage.

Paysage de bocage / PHOTO Francis Massias

Le **mont** d'**Hère**

FAUCON CRÉCERELLE / DESSIN P.R.

En parcourant ces chemins creux et ces paysages hauts en couleurs, vous emprunterez une ancienne voie moyenâgeuse qui reliait Alençon à Vire.

1 De la place, prendre la D 53 vers Bellou-le-Tesson. Laisser la D 218 à droite, puis tourner de suite à droite dans une ruelle. S'avancer ensuite à gauche et poursuivre par une allée herbeuse. Passer près d'un parking et continuer en face le long d'un lotissement. Continuer un peu à droite, puis rejoindre la D 53 ; l'emprunter à droite *(prudence !)* sur environ 160 m.

2 Monter dans le sous-bois par un chemin à gauche. À la bifurcation des chemins creux, rester à droite. Continuer tout droit par une portion de route au hameau du Parc, puis par un chemin. Traverser la D 53 et prendre le chemin en face légèrement désaxé à gauche. Il débouche sur la D 266 ; la suivre à droite sur 2 km *(prudence !)*.

3 Environ 170 m après l'entrée de la ferme du Mont d'Hère, suivre à droite un chemin d'exploitation. Poursuivre par la petite route d'accès à la Géossière et prendre à droite sur la D 218.

4 Tourner à gauche vers la Paumerie. Avant la ferme, bifurquer à droite sur le chemin. Filer jusqu'à la D 18. Traverser *(prudence !)*, prendre à gauche et immédiatement à droite vers la Pourcellière, puis encore à droite sous les arbres. Le chemin atteint la Pourcellière *(manoir)* : continuer sur la petite route.

5 Après le virage à gauche, bifurquer sur le chemin de droite et descendre dans un vallon. À la route, prendre à droite, franchir un ruisseau et face à l'entrée d'une maison, remonter à droite par un chemin en bordure de champs. Garder la direction par une petite route, puis une ruelle jusqu'à la D 18 au centre de la Sauvagère face à l'église. Le départ se trouve juste sur la gauche.

PR® 7

FACILE

2H30 • 7KM

S SITUATION
La Sauvagère (61), à 7 km à l'ouest de la Ferté-Macé par la D 18

P PARKING
place de l'Église

/ DÉNIVELÉE
altitude mini et maxi, dénivelée cumulée à la montée

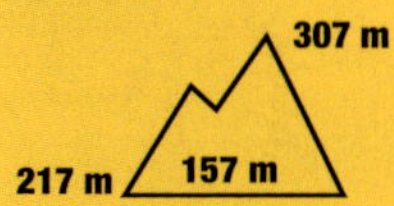

B BALISAGE
jaune

! DIFFICULTÉS !
- chemins parfois très humides après épisodes pluvieux
- prudence sur la D 266

À DÉCOUVRIR...

> En chemin :
- église Saint-Pierre-et-Saint-Paul
- chemins creux

> Dans la région :
- Domfront, cité médiévale
- La Ferté Macé : plan d'eau, musée du Jouet

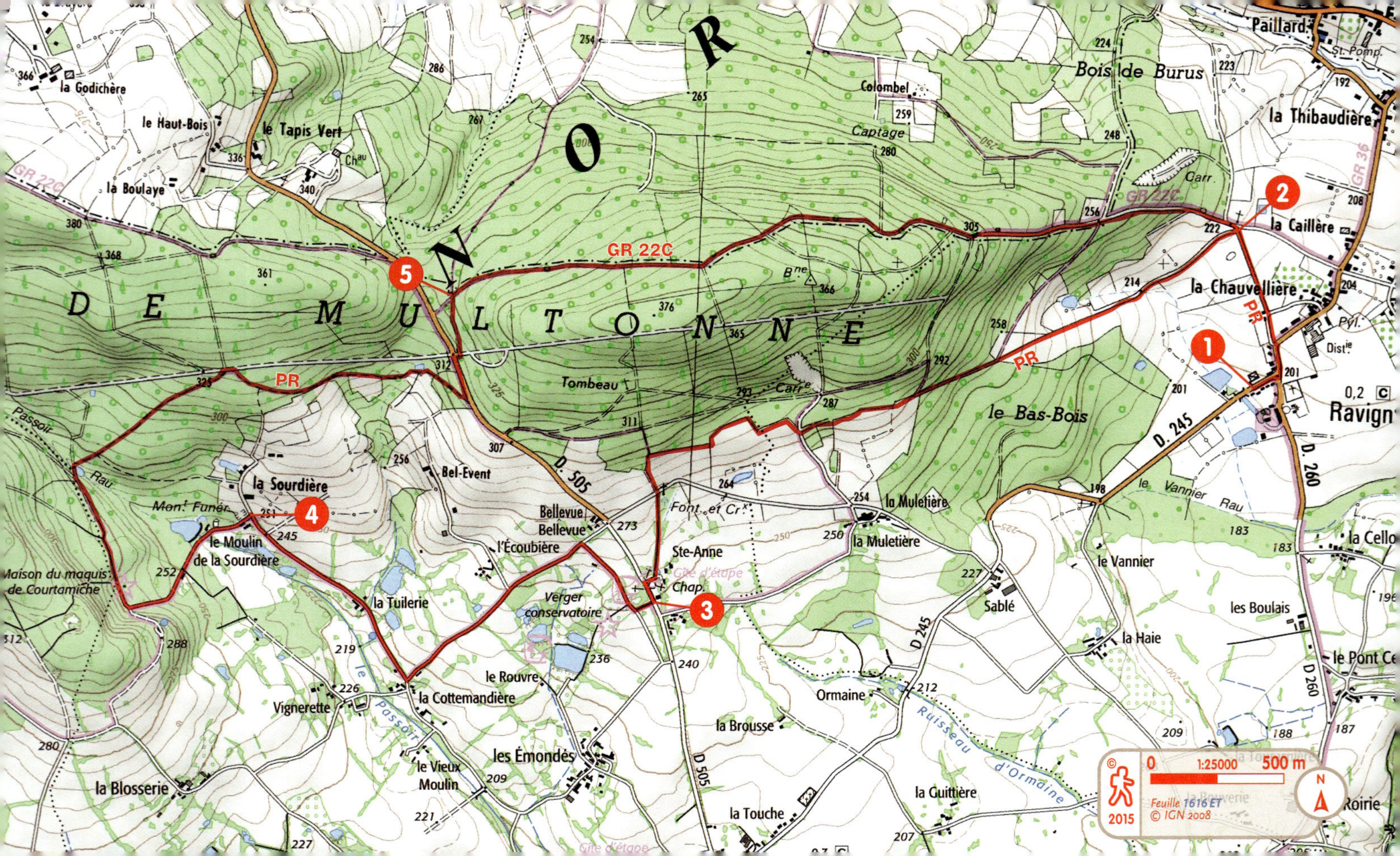

FORÊT DE MULTONNE
GR 22C
PR
Bois de Burus
la Thibaudière
Paillard
la Caillère
la Chauvellière
Ravign
D. 260
D. 245
le Bas-Bois
Tombeau
Colombel
Captage
le Tapis Vert
le Haut-Bois
la Godichère
la Boulaye
la Sourdière
Mont Funér.
le Moulin de la Sourdière
Maison du maquis de Courtamiche
Bel-Event
Bellevue
l'Écoubière
D. 505
Ste-Anne
Gîte d'étape
Chap.
Font. et Crx
la Muletière
Verger conservatoire
la Tuilerie
le Rouvre
la Cottemandière
Vignerette
les Émondés
le Vieux Moulin
la Blosserie
le Passoir
la Brousse
Ormaine
Ruisseau d'Ormaine
la Touche
la Guittière
Sablé
la Haie
le Vannier
les Boulais
la Cello
le Pont Ce
Roirie
le Vannier Rau
1:25000
500 m
Feuille 1616 ET
© IGN 2008
2015

Multonne

Éveil des sens par la découverte du sentier pédagogique des « Quatre saisons des Cinq sens » et de la forêt de Multonne. Cet itinéraire vous conduira aussi sur les traces de l'Histoire.

Prendre le temps de consulter les deux panneaux relatant l'historique et les objectifs du chemin pédagogique. Renseignements et documents en mairie. Ne manquez pas de lire les 10 panneaux d'interprétation jalonnant la première partie de l'itinéraire.

1 Se diriger vers le nord-est et prendre à gauche vers Saint-Denis. Au virage, continuer tout droit sur un chemin d'exploitation goudronné jusqu'au carrefour de la Croix de Bois dite de Taphorel *(premier maire de la commune de Ravigny).*

2 Virer à gauche sur un chemin goudronné, prolongé d'un chemin de terre. Suivre le chemin des Quatre saisons des Cinq sens *(panorama vers le sud).* Il traverse un bois, puis en longe la lisière en traversant une petite route. Descendre par un chemin empierré, traverser une route au niveau de la fontaine dite du Bélier *(à l'origine de la légende de Sainte-Anne-de-Champfrémont).* À la chapelle, aller en face. Descendre la D 505 sur environ 50 m.

3 S'engager à droite sur un chemin barré par des chaînes. À la route, prendre à droite *(passage devant le verger conservatoire).* Au carrefour, descendre à gauche jusqu'à la Cottemandière, puis se diriger à droite vers la Tuilerie, puis la Sourdière.

4 Au hameau, se diriger à gauche. Passer le monument des Fusillés et le moulin de la Sourdière. Remonter par un chemin empierré jusqu'à la maison du Maquis de Courtemiche. Entrer en forêt vers le nord en longeant de beaux hêtres centenaires. Monter à droite par un chemin pierreux, érodé par le ravinement des eaux. Déboucher sur une grande allée forestière rectiligne : prendre à droite, puis de suite après, encore à droite sur un chemin. Il rejoint la D 505 ; la remonter sur 150 m *(prudence, route fréquentée),* puis s'engager à droite dans la forêt.

5 Cheminer à droite en suivant le GR® 22C, jusqu'au carrefour de la Croix.

2 Regagner le départ à droite.

Girolles / Dessin P.R.

PR® 8

MOYEN

4H • 12,9KM

S SITUATION
Ravigny (53), 14 km à l'ouest d'Alençon par les N 12 et D 245

P PARKING
parking de la mairie

DÉNIVELÉE
altitude mini et maxi, dénivelée cumulée à la montée

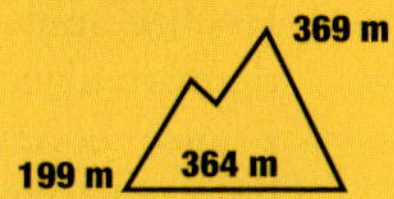

B BALISAGE
1 à **2** > deux flèches « Chemin des Quatre Saisons des Cinq Sens »
2 à **3** > jaune, panneaux d'interprétation et figurines
3 à **5** > jaune
5 à **2** > blanc-rouge

! DIFFICULTÉS !
- entre **4** et **5** : chemin technique et encombré après Courtemiche
- prudence sur les routes

À DÉCOUVRIR...

> En chemin :
- chemins des Écoliers, panneaux d'interprétation.
- site de Sainte-Anne-de-Champfrémont, vergers conservatoire, chapelle et ancien poste de police attenant
- Maison du Maquis de Courtemiche

> Dans la région :
- belvédère des Avaloirs
- Alpes mancelles : Saint-Céneri-le-Gérei, site du moulin de Trotté à Saint-Pierre-des-Nids

HISTOIRE

L'Armée secrète d'Alençon

Durant la Seconde Guerre mondiale, le département de l'Orne s'organise pour contrer l'ennemi et faire obstacle au régime de Vichy. Répondant à l'appel du général de Gaulle prononcé le 18 juin 1940 à Londres, une poignée de jeunes gens entrent dans la clandestinité. Originaires respectivement de Saint-Denis-sur-Sarthon et de Fresnay-sur-Sarthe, Maurice Mallet et Jacques Hochin sont nés en 1923 et 1921. Le premier n'accepte pas la défaite de la France et entend se battre jusqu'au bout. Devenu aspirant de l'Armée de l'air en 1941, il prend la responsabilité du Groupe VII de l'Armée secrète d'Alençon. Il est rapidement rejoint par Jacques Hochin qui, plutôt que de se soumettre au Service de travail obligatoire (STO) imposé par l'occupant, choisit de grossir les rangs de la résistance. L'Armée secrète d'Alençon se replie alors dans le maquis de Courtemiche et multiplie les opérations de sabotage qui s'intensifient suite au débarquement des Alliés, le 6 juin 1944 : on abat des arbres afin de bloquer les routes, on sectionne les réseaux téléphoniques, tandis que l'on dissimule les armes récupérées lors des parachutages alliés dans des caches improvisées dans la forêt.

Le 24 juillet 1944, suite à l'arrestation du chef de la résistance d'Alençon par la Gestapo, Maurice Mallet puis Jacques Hochin tombent brutalement entre les mains de l'ennemi. Tous deux seront fusillés le jour même, à Champfrémont. Ils avaient 21 et 23 ans. Une stèle rend hommage à ces deux hommes morts pour la liberté.

Sainte-Anne de Champfrémont /
PHOTO Sébastien Millet/PNRNM

ENVIRONNEMENT

Le chemin des Quatre Saisons des Cinq Sens

Né de la complicité de deux instituteurs, l'un directeur du regroupement des écoles de Boulay, de Champfrémont et de Ravigny (Bou Cha Ra), l'autre président d'une association de randonnée pédestre – La Sentine –, ce sentier des écoliers relie Ravigny et Champfrémont. Il s'inscrit dans le cadre de l'action « Un chemin, une école® » initiée par la FFRandonnée et a reçu le soutien du Parc naturel régional Normandie-Maine.

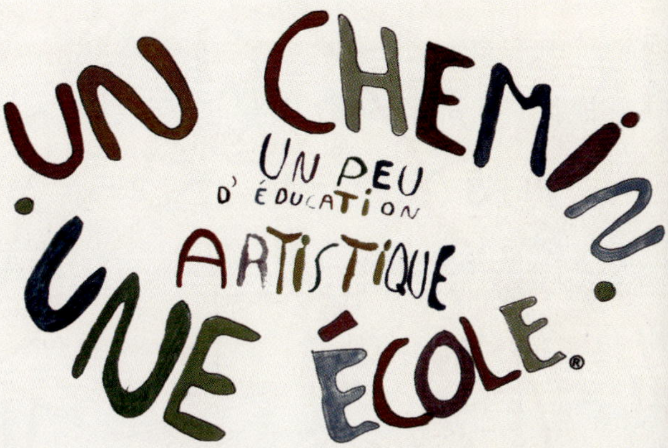

Sentier des Écoliers / PHOTO PNRNM

Réalisé entre 2003 et 2005, le premier projet a pour vocation de présenter, sur des panneaux répartis le long des 3,5 km du chemin, la faune et la flore locales au fil des quatre saisons, d'où son nom « Le chemin des Quatre Saisons des Cinq Sens ». Un panneau géologie leur est adjoint en 2009, le tout complété par deux livrets pédagogiques. En 2012, les initiateurs aidés de la chargée de mission géologie du Parc Normandie-Maine, le convertissent en frise de l'histoire de la vie sur Terre. Il s'agit de descendre la spirale du temps depuis -700 millions d'années jusqu'à nos jours. Des méduses à l'homo sapiens, en passant par les trilobites, les poissons, les ammonites, les amphibiens, les dinosaures, les mammifères et, en fin de parcours, l'homme, les traces de vie défilent, concrétisées par dix sculptures d'un artiste local et explicitées dans un dépliant.

Lisière de la forêt / PHOTO Sébastien Millet/PNRNM

Regarder, écouter, humer, goûter et toucher, le tout avec discernement, permet d'appréhender la diversité biologique et écologique de cet itinéraire, tout en comprenant la place de l'homme dans l'aménagement du paysage.

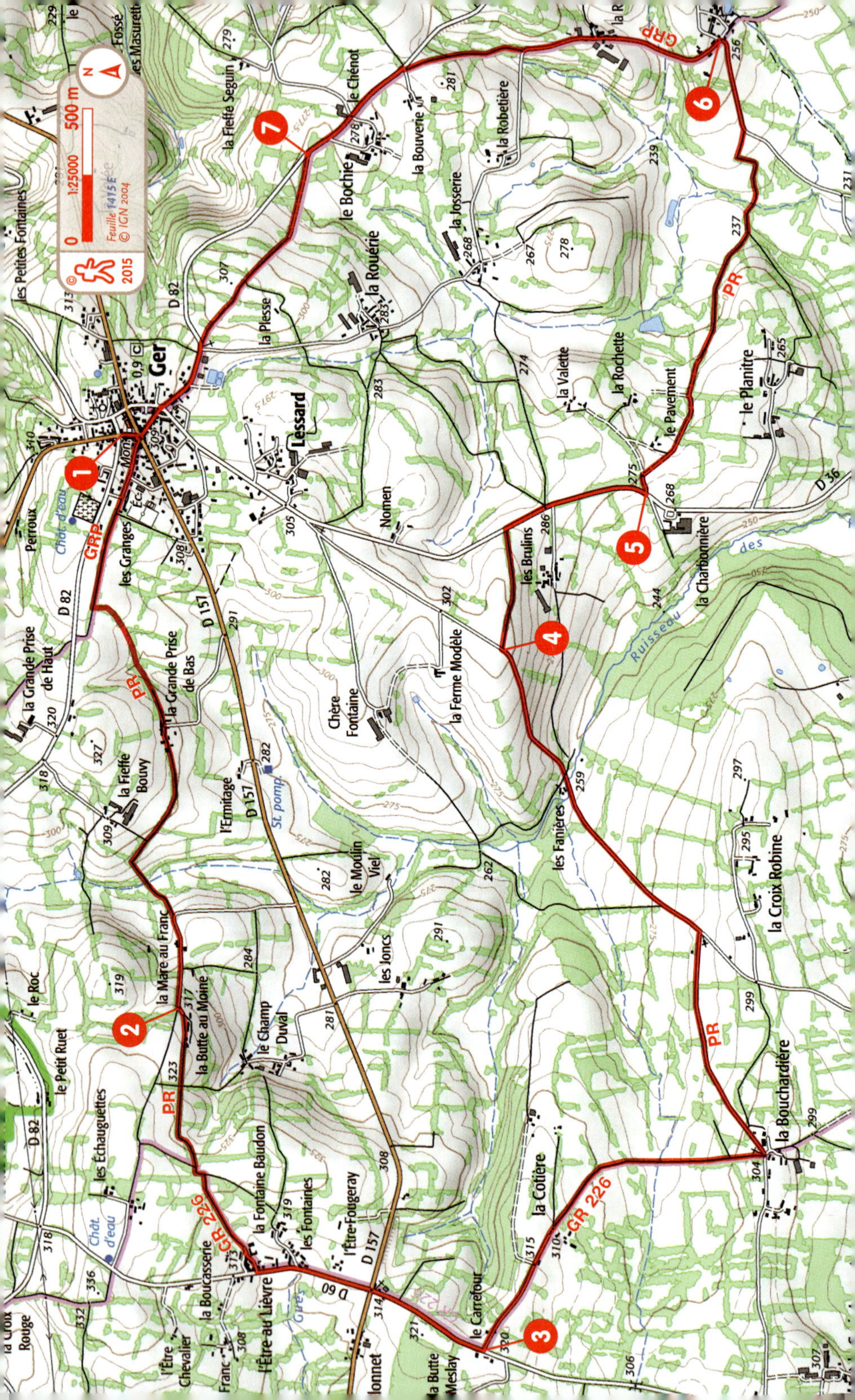

0 1:25000 500 m
Feuille 1415 E
© IGN 2004
2015
Ger
Lessard
les Granges
Perroux
la Plesse
la Rouërie
le Boche
le Chênot
la Fieffe Seguin
la Bouverie
la Robetière
la Josserie
la Valette
la Rochette
le Pavement
le Planitre
la Charbonnière
Ruisseau des
les Brulins
Nomen
la Ferme Modèle
Chère Fontaine
la Grande Prise de Haut
la Grande Prise de Bas
la Fieffe Bouvy
l'Ermitage
St pomp.
le Moulin Viel
les Joncs
les Fanières
la Croix Robine
la Bouchardière
la Cotière
le Carrefour
la Butte Meslay
l'Être-au Lièvre
la Boucasserie
la Fontaine Baudon
les Fontaines
l'Être-Fougeray
le Champ Duval
la Butte au Moine
la Mare au Franc
le Roc
le Petit Ruet
les Échauguettes
Chât. d'eau
l'Être Chevalier
la Croix Rouge
GRP
PR
GR 226
D 82
D 157
D 60
D 36
1
2
3
4
5
6
7

L'Être au Lièvre

Sur les hauteurs de Ger, le bocage normand se dévoile entre pâturage, tourbière et sous-bois.

1 Du parvis de la mairie, contourner le rond-point par la droite et s'engager dans la rue des Écoles (avant la D 157). Les dépasser, filer tout droit au-delà du lotissement. Descendre par le premier chemin creux à gauche : il passe à la Grande Prise du Bas, puis en allant toujours en face, franchit un vallon et atteint la Mare au Franc. Suivre la petite route à droite.

2 À la Butte au Moine, bifurquer à gauche le long d'un petit verger. Continuer toujours tout droit, puis bifurquer et déboucher sur la D 60, rue du Château ; la monter à gauche. Couper la D 157 et suivre la rue du Mont-Saint-Michel

3 Au lieu-dit le Carrefour, prendre à gauche pour rejoindre la Côtière. Passer les habitations et gagner à droite la Bouchardière. Au calvaire, continuer à gauche sur la route jusqu'à la croix Robine, puis descendre à gauche la rue des Moulins. Franchir le vallon aux Fanières et remonter.

4 Au sommet, bifurquer à droite sur un chemin de terre. Longer la D 36 *(prudence !)* à droite sur 600 m.

5 Prendre à gauche en direction du Pavement, puis aussitôt à droite sur un large chemin ombragé. Plus bas, au niveau du cours la Rounière, le chemin est souvent immergé, suivre le passage sur le talus. Atteindre une petite route de campagne et rejoindre les habitations de la Buissonière à gauche.

6 Partir à gauche et passer la Reinière. Plus loin dans le virage, s'engager en face sur la chasse couverte *(chemin creux)*. Longer la D 82 à gauche en direction de Ger.

Moineau / Dessin P.R.

7 Environ 100 m après la ferme, s'avancer à gauche un sentier dissimulé par les frondaisons ; il monte jusqu'à l'entrée de Ger. Regagner le centre bourg à gauche.

PR® 9

MOYEN

4H • 14KM

S SITUATION
Ger, à 24 km au sud de Vire par les D 577 et D 83

P PARKING
à la mairie

/ DÉNIVELÉE
altitude mini et maxi, dénivelée cumulée à la montée

B BALISAGE
jaune

! DIFFICULTÉS !
- entre **4** et **5** : cheminement sur la D 36
- entre **5** et **6** : passage immergé par de temps de crue

À DÉCOUVRIR...

> En chemin :
- chemins creux
- bocage

> Dans la région :
- Mortain : collégiale Saint-Évroult, petite chapelle (panorama), site des cascades, église du Neufbourg (XIIe), rocher de l'Aiguille
- Ger : musée régional de la Poterie,
- Saint-Georges-de-Rouelley : site de la Fosse-Arthour, espace naturel sensible
- Barenton : musée de la Pomme et de la Poire
- Lonlay-L'abbaye : abbaye, biscuiterie

L'HABITAT RURAL

Autrefois, l'habitat rural du Parc faisait corps avec la géographie locale. Les villages et les hameaux rythmaient les collines, les crêtes et les vallées, tandis que de nombreuses maisons, s'accommodant de la diversité paysagère, en émaillaient le territoire. Les fermes étaient construites de façon isolée, réparties autour d'une cour, ou bien formaient un cordon de bâtiments. Les bourgs, compacts, se développaient autour d'une place de marché faisant office de lieu de rassemblement ou s'étiraient le long des routes. Au-delà, le champ avec ses activités rurales reprenait ses droits. L'architecture reflétait la nature de la roche présente dans le soussol : l'utilisation de matériaux locaux – calcaire, briques, granite, bois, torchis… – assurait une bonne intégration du bâti dans l'environnement et contribuait à donner une identité forte au paysage.

À partir des années 1960, l'extension de l'urbanisation s'accompagna du changement des habitudes constructives locales et d'une nouvelle répartition géographique des habitations. Les maisons, jadis édifiées au sein des bourgs, se mirent progressivement à les délaisser pour couvrir une aire plus large, consommant ainsi l'espace.

Face à ces transformations, des collectivités du Parc réagirent, dès 1980, afin d'œuvrer vers un urbanisme durable. Restauration des édifices anciens, recours à des matériaux écologiques, constructions bâties en continuité des villages… De nouvelles formes d'habitat et d'articulations entre les espaces, plus adaptées au milieu rural, sont apparues.

L'AUBERGE DES SŒURS MOISY / PHOTO PNRNM

GÉOLOGIE

Les pierriers, vestiges de l'ère glaciaire

Pierrier de la vallée de Misère / PHOTO Michaël Houseaux

Reliques des périodes glaciaires, les pierriers ou éboulis de pente se sont formés au cours des épisodes de froid qui se sont succédés depuis quelques centaines de milliers d'années. Leur présence sur les versants pentus des grandes lignes de crête est due à l'éclatement de la roche sous l'action répétée du gel et du dégel.

S'ils sont fréquents en montagne, les pierriers se font rares en plaine. On les observe en Europe sur les derniers reliefs de la chaîne hercynienne *(grande chaîne de montagnes formée entre 400 et 250 millions d'années, de la Bretagne à la mer Noire)*. Dans le nord de la France, ils sont visibles dans la partie orientale du Massif armoricain aux confins de la Basse-Normandie et des Pays de la Loire, et plus modestement dans les monts d'Arrée (Finistère). Avec une cinquantaine de pierriers sur son territoire, le Parc naturel régional concentre la plus forte proportion de ces éboulis, qui composent l'un de ses milieux naturels emblématiques. Ces amoncellements de pierres abritent, en outre, une biodiversité originale, favorable à de nombreuses espèces, mousses et lichens.

En majorité constitués de grès armoricain, les pierriers restent souvent méconnus et risquent de disparaître d'ici la fin de notre siècle, colonisés par la végétation. D'où la politique du Parc de préservation et de valorisation, avec notamment des projets de réserve naturelle ou de sentiers de découverte, ou encore, à Saint-Léonard-des-Bois, des travaux de gestion réalisés grâce au réseau Natura 2000.

la Touche
la Thibordière
la Flèche
la Planche Trémière
Plein Poirier
la Magdeleine
D 144
les Mézazelières
GR 36
le Coupier
les Maisonnettes
Sarthon
le Tertre
la Gueurie
la Chicaudière
le Bois Rousseau
les Terriers
la Chauvinière
Bois Roger
Trotté
les Toyères
St-Céneri-le-Gérei
le Pont
les Écoles
Cim.
Chap.
la Vallée
D 56
Montaigu
la Sarthe
la Saussaie
la Soudonnière
la Paire
la Touzelière
l'Ardrier
l'Étrage
St-Laurent
les Grandes Landes
le Verdillon
le Val
le Jarossay
l'Étang Sec
D 146
les Petites Landes
les Magnolias
le Grand Pâtis
le Clos Sec
le Moulin Neuf
la Chênaie
D 270
le Gasseau
les Gonteries
la Vallée
Roche Bisette
la Couturelle
Roches du Sphinx
le Bois de Linthe
D 258
la Gaubergère
le Bourgseau
la Forge Collet
le Chapelet
le Haut Fourché
la Futaie
la Girardière
St-Léonard-des-Bois
la Bommerie
Butte de Narbonne
la Gendrie
la Joussière
Manoir
Linthe
Bois d'Assé
les Écharmeaux
Rue Creuse
le Petit Coslin
le Grand Coslin
Chemasson
D 112
ALPES MANCELLES
PR
GR 36 GRP
1
2
3
4
5
6
7
500 m
1:25000
2015
Feuille 1617 E
© IGN 2003
N

Les **méandres** de la **Sarthe**

À la frontière entre la Normandie et le Maine, cet itinéraire exigeant offre une immersion au cœur des Alpes mancelles dans un environnement naturel et un patrimoine culturel remarquablement préservé. Incontournable !

1 À l'entrée du parking, entrer dans l'aire de pique-nique et descendre par le chemin qui longe la route en direction du bourg, puis continuer par la route jusqu'au pont. Sans le franchir, traverser la route pour emprunter les escaliers et suivre la rivière par le sentier.

2 Après un raidillon, bifurquer à gauche et monter jusqu'en haut de la colline. Suivre alors le chemin d'exploitation vers la gauche. Dépasser un panorama, descendre légèrement sur 180 m et tourner à gauche sur un chemin plus étroit (forte descente).

3 Avant la route, monter à droite et suivre le GR® 36 jusqu'à la D 146 ; la traverser *(prudence !)* et gagner l'entrée du parking.

1 Emprunter de suite un chemin à droite. Continuer tout droit et grimper jusqu'à une piste. Partir à droite et atteindre la D 146 ; la suivre à droite *(prudence !)* sur 250 m.

4 Prendre un chemin à gauche à l'entrée du bois. Continuer tout droit et, à la route, aller à gauche. Après les Gonteries, utiliser à gauche un chemin d'exploitation. Traverser la D 146 *(prudence !)*, continuer en face et descendre par un chemin pentu sur la gauche. Poursuivre jusqu'au village.

5 À gauche, franchir le pont et monter. À la place, tourner à gauche, passer l'église, puis descendre à la chapelle. Longer la Sarthe vers la droite jusqu'au parking.

6 Remonter vers le bourg et, à l'auberge des Sœurs-Moisy, prendre le chemin qui monte en face. En haut, aller à gauche et de suite à droite chemin de la Barre. Au bout, tourner à droite puis encore à droite sur un chemin. Franchir la passerelle sur le Sarthon, traverser le hameau puis la route en direction du moulin de Trotté.

7 Passer à côté du moulin et franchir la Sarthe par la passerelle. Couper la prairie vers la gauche et remonter à droite un chemin d'exploitation. Bifurquer à droite (GR® 36). Tourner à gauche, puis à droite en lisière. Après un ruisseau, continuer dans les bois à droite, descendre prudemment vers la rivière et la longer à gauche. Après le moulin du Val, tourner à droite sur un chemin. Suivre le cours d'eau, puis aller à droite sur la route.

PR® 10

DIFFICILE

5H • 15,5KM

S SITUATION
Saint-Léonard-des-Bois (72), à 20 km au sud-ouest d'Alençon par les D 315, D 150 puis D 258

P PARKING
domaine du Gasseau

/ DÉNIVELÉE
altitude mini et maxi, dénivelée cumulée à la montée

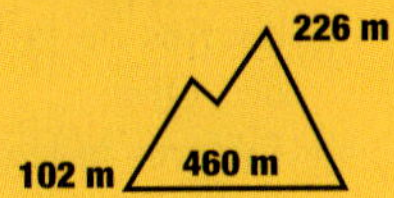

B BALISAGE
jaune

! DIFFICULTÉS !
plusieurs montées et descente raides

À DÉCOUVRIR...

> En chemin :
- Saint-Léonard-des-Bois, site du Gasseau, panoramas
- Saint-Céneri-le-Gérei : village classé

> Dans la région :
- belvédère des Avaloirs
- Fresnay-sur-Sarthe : cité de caractère
- belvédère des Toyères
- Saint-Céneri : parcours pédagogique « Saint-Céneri sur le motif » du réseau des sites emblématiques « Monts et Marches »

GÉOGRAPHIE

LES ALPES MANCELLES

Quoi de plus surprenant que cette appellation « Alpes mancelles » au cœur d'une région située en bordure du Massif armoricain, entre Normandie et Maine ? Pour tout dire, les sommets atteignent à peine 216 m à Saint-Léonard-des-Bois et se hissent péniblement à 416 m au mont des Avaloirs. Si cette référence alpine paraît quelque peu ambitieuse, elle marque pourtant l'identité de ce territoire aux confins de la Sarthe, de la Mayenne et de l'Orne.

D'après la légende, deux frères italiens, Céneri et Cenéré, seraient venus en Gaule, au vie siècle, et, après avoir franchi les Alpes, auraient décidé de ne s'arrêter qu'en présence d'un paysage évoquant les sites alpestres. Ainsi s'établirent-ils dans cette région où ils se firent ermites. Le nom du village classé de Saint-Céneri-le-Gérei rappelle le passage de l'un de ces ascètes.

Mais l'engouement pour la région remonte au début du XIXe siècle lorsque la montagne devient à la mode. Grâce à l'Automobile Club de la Sarthe qui édite le premier guide touristique des Alpes mancelles, des voyageurs découvrent ces escarpements à l'aspect « sauvage et saisissant ». Ils s'émerveillent devant les villages si pittoresques de Fresnay-sur-Sarthe ou encore de Saint-Léonard-des-Bois. Peintres et photographes prennent le relais, attirés par ces affleurements rocheux, ces gorges profondes et ces reliefs accidentés. Un intérêt qui ne faiblit pas aujourd'hui, la diversité du patrimoine local continuant à attirer de nombreux visiteurs.

VUE SUR LE HAUT FOURCHÉ / PHOTO PNRNM

SPORTS ET LOISIRS

SPORTS DE NATURE ET TOURISME VERT

KAYAK AU MOULIN DE TROTTÉ / PHOTO Sébastien Millet/PNRNM

Les premiers voyageurs à découvrir les Alpes mancelles étaient animés d'un esprit contemplatif face à un paysage admirable par sa beauté et sa rudesse. S'ils continuent d'être séduits par cette « nature âpre et sauvage », les visiteurs d'aujourd'hui, adeptes de tourisme vert, entendent profiter du lieu en pratiquant des sports de nature.

Les bocages, les forêts, les affleurements rocheux, les vallées et les cours d'eau dessinent une géographie unique, qui se prête à une myriade d'activités sportives.

Outre l'équitation, l'escalade et le parapente, le canoë-kayak permet de découvrir les eaux vives de la Sarthe. Enfin, les parcours acrobatiques en hauteur réalisables au cœur du domaine du Gasseau vous feront entrevoir la canopée sous un angle original.

Si les Alpes Mancelles et l'ensemble des massifs forestiers font le bonheur des randonneurs pédestres, les cavaliers, cyclotouristes et vététistes ont également conquis le territoire grâce à différents parcours balisés. Citons, parmi eux, l'itinéraire de la Véloscénie qui traverse le territoire du Parc d'est en ouest, sur un parcours de 440 km ralliant Paris au Mont-Saint-Michel. Par ailleurs, le chemin de pèlerinage Paris Mont-Saint-Michel emprunte les crêtes boisées du Parc naturel régional Normandie-Maine. Le GR® 36, traverse le Parc du nord au sud vers Saint-Jacques-de-Compostelle.

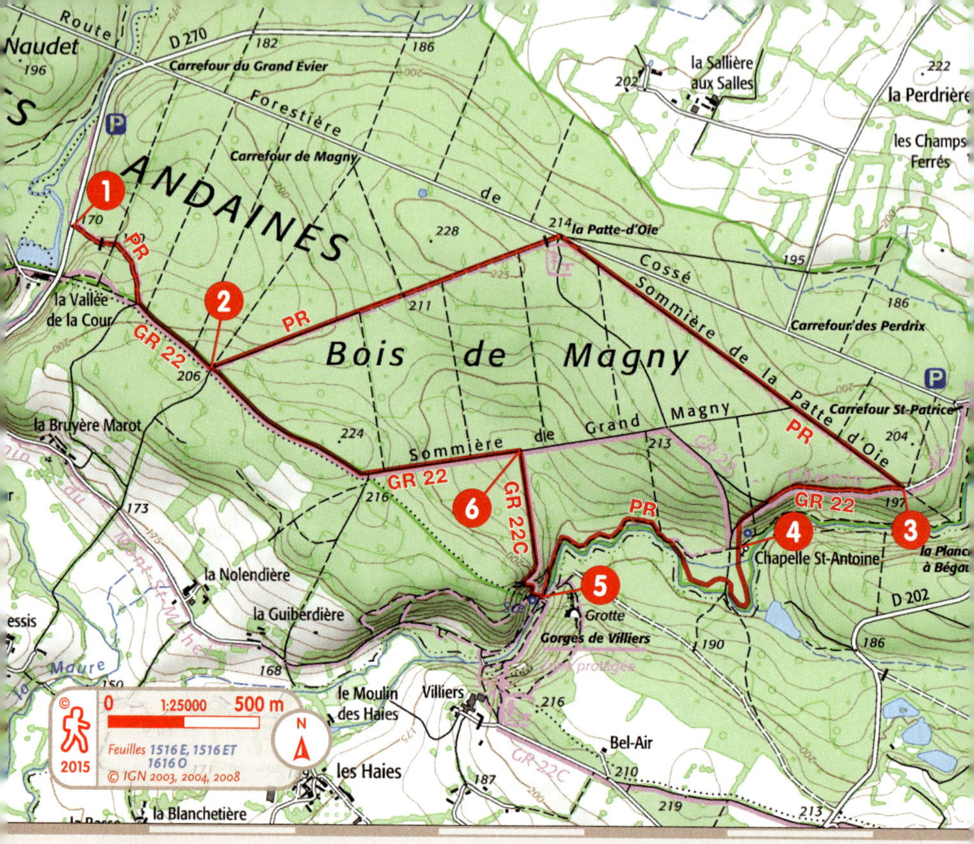

LÉGENDES

LES GORGES DE VILLIERS, LIEU DE LÉGENDES

LES EAUX DE LA GOURBE / PHOTO PNRNM

Les landes, les tourbières, les torrents et les escarpements rocheux caractéristiques des gorges de Villiers ont inspiré de nombreux contes populaires et récits fantastiques. Outre la présence d'une source chaude qui aurait rendu sa jeunesse à un seigneur d'antan, elles constituent le lieu de résidence de trois êtres imaginaires : la bienveillante fée d'Andaines, la fée Gisèle et la maléfique Gionne sont associées à cet ancien lieu de pèlerinage, que rappelle la présence d'une petite chapelle dédiée à saint Antoine le Grand. D'après la légende, les fées dansaient le long des ruisseaux, notamment durant les nuits de pleine lune. On leur prêtait le pouvoir de protéger pèlerins et voyageurs.

Les **gorges** de **Villiers**

PR® 11

FACILE

2H30 • 7,5KM

LARVE DE LIBELLULE / DESSIN P.R.

La grande variété de milieux naturels en fait un des plus beaux sites de la région. N'hésitez pas à vous retourner pour profiter pleinement des points de vue.

1 Monter le large chemin forestier qui rejoint le GR® 22c et poursuivre à gauche jusqu'à un croisement de chemins.

2 S'engager à gauche sur la route forestière de la Motte. À la route, au carrefour de la Patte-d'Oie, emprunter sur la droite la sommière de la Patte d'Oie. Elle conduit tout droit à une route forestière transversale.

3 S'avancer sur la droite, puis descendre par un chemin une pente plus prononcée avant d'atteindre la chapelle Saint-Antoine.

4 Continuer par un sentier plus technique et parfois glissant qui suit le cours de la Gourbe jusqu'à hauteur d'une passerelle.

> À la passerelle, possibilité de rejoindre le sentier des gorges de Villiers, espace naturel sensible.

5 Juste avant la passerelle, prendre à droite, puis encore à droite (GR® 22), le sentier qui monte dans les rochers.

6 Toujours sur le GR® 22, poursuivre à gauche sur la sommière de Grand-Magny. Rejoindre la bifurcation de l'aller.

2 Redescendre en face, puis à droite par l'itinéraire déjà emprunté pour rejoindre le départ.

S SITUATION
La Vallée de la Cour (61), à 10 km au sud de La Ferté-Macé par les D 151 et D 270

P PARKING
au bord de la D 270, à 100 m environ au nord du chemin du départ

/ DÉNIVELÉE
altitude mini et maxi, dénivelée cumulée à la montée

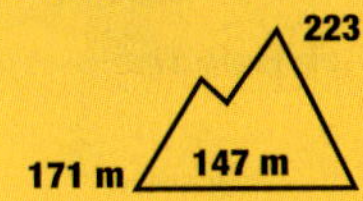

B BALISAGE
jaune

! DIFFICULTÉS !
- chemins parfois glissants à proximité du cours d'eau
- sentier escarpé après **6**

À DÉCOUVRIR...

> En chemin :
- chapelle Saint-Antoine
- gorges de Villiers

> Dans la région :
- Bagnoles-de-l'Orne, station thermale,
- forêt des Andaines

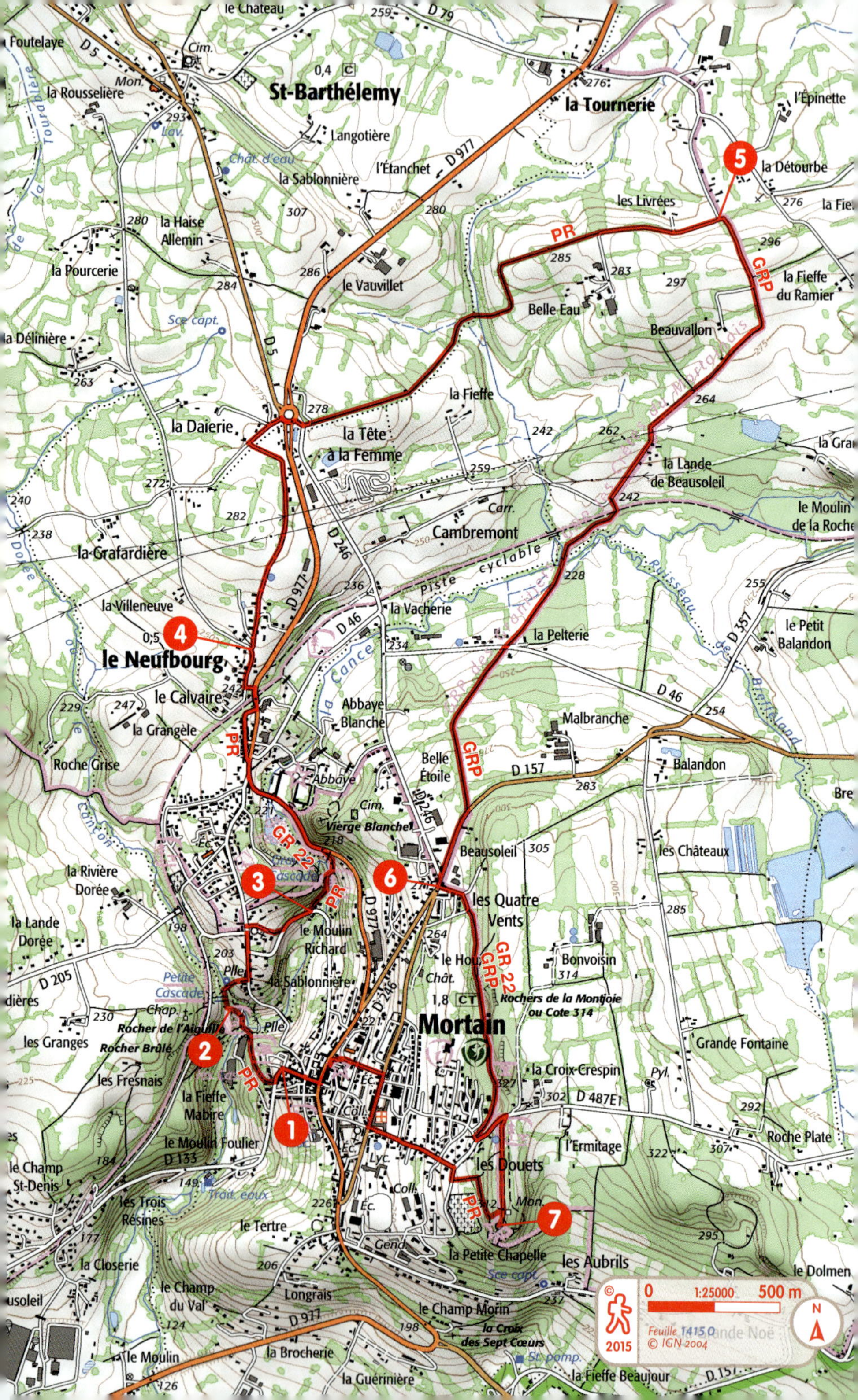
St-Barthélemy
la Tournerie
l'Épinette
la Détourbe
Foutelaye
la Rousselière
Langotière
la Sablonnière
l'Étanchet
les Livrées
la Haise Allemin
la Pourcerie
le Vauvillet
la Fieffe du Ramier
Belle Eau
Beauvallon
la Délinière
la Daierie
la Tête à la Femme
la Fieffe
la Lande de Beausoleil
le Moulin de la Roche
la Grafardière
Cambremont
piste cyclable
la Villeneuve
la Vacherie
la Pelterie
le Petit Balandon
le Neufbourg
le Calvaire
la Grangèle
Abbaye Blanche
Malbranche
Roche Grise
Abbaye
Belle Étoile
Balandon
Vierge Blanche
Beausoleil
les Châteaux
la Rivière Dorée
Grande Cascade
les Quatre Vents
la Lande Dorée
le Moulin Richard
Bonvoisin
la Sablonnière
Petite Cascade
Rochers de la Montjoie ou Cote 314
Rocher de l'Aiguille
Mortain
les Granges
Rocher Brûlé
Grande Fontaine
les Fresnais
la Fieffe Mabire
la Croix Crespin
le Moulin Foulier
Roche Plate
l'Ermitage
le Champ St-Denis
les Douets
les Trois Résines
le Tertre
la Petite Chapelle
les Aubrils
la Closerie
le Champ du Val
Longrais
le Champ Morin
la Croix des Sept Cœurs
le Dolmen
le Moulin
la Brocherie
la Guérinière
la Fieffe Beaujour
PR
GRP
GR 22
D 977
D 46
D 157
1:25000
500 m
Feuille 1415 O
© IGN 2004
2015

Belle **eau**

PR® 12

MOYEN

3H • 11,5KM

Au cœur du Mortainais, une randonnée par vaux et collines, au pays des comtes, des ermites et des légendes.

1 De la place du Château, descendre et rejoindre le site de la Petite Cascade.

2 Au rocher de l'Aiguille, suivre une étroite gorge et remonter le sentier. Du pont du Cançon *(lavoir)*, partir à droite puis à gauche rue du Pont-Bossard pour atteindre l'église de Neufbourg. Suivre à droite la ruelle de l'Église, passer l'aire de pique-nique par la route à gauche.

3 S'engager à gauche sur le sentier qui longe la vallée Richard pour rejoindre le site des Grandes Cascades. Gravir une série de marches, prendre le passage piétonnier et remonter la rue de l'Abbaye-Blanche. Aboutir à une placette. Bifurquer à gauche rue du Vieux-Bourg et rejoindre la D 977. Franchir le pont, tourner de suite à gauche puis à droite.

4 Plus loin, au Grand Clos, poursuivre à droite et prolonger par un chemin. Déboucher sur la route de Romagny. Gagner à droite le carrefour de la Tête à la Femme ; le traverser par la droite *(prudence ! circulation importante)* et se diriger sur la D 246. Prendre aussitôt à gauche un large chemin. Passer Belle-Eau et continuer sur la route en face.

5 Au carrefour, aller à droite vers le Beauvallon (GRP®). Dans le virage, continuer par le large chemin. Dépasser le hameau de la Lande de Beausoleil d'environ 180 m. À gauche, rejoindre et traverser l'ancienne voie ferrée. Continuer sur le chemin de terre, franchir la Cance, couper la D 46, puis déboucher sur la D 157 ; l'emprunter à gauche sur 250 m pour atteindre la résidence Louis-Hourdin.

6 Prendre à gauche pour contourner la résidence et, au virage, poursuivre sur un chemin de terre. Déboucher rue de la Chapelle : monter à gauche. À proximité du parking, tourner à droite sur le sentier pour gagner la chapelle.

7 Revenir sur ses pas sur 60 m pour descendre le sentier le long du cimetière. Aller à droite sur quelques mètres, puis dévaler à gauche la rue de Versailles. Au bout, aller à droite, rue de la 30ème Division sur 210 m, puis rejoindre à gauche la collégiale par la rue des Fontaines. Descendre par la rampe passant devant le parvis, puis regagner la place du Château par la rue du Bassin (D 133).

S SITUATION
Mortain (50), à 25 km au sud de Vire par les D 577 et D 977

P PARKING
place du Château

DÉNIVELÉE
altitude mini et maxi, dénivelée cumulée à la montée

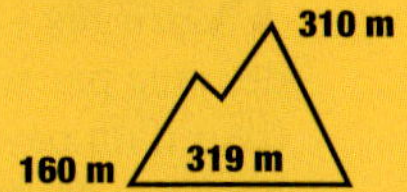

B BALISAGE
jaune

! DIFFICULTÉS !
- circulation importante sur la D 977 au carrefour de la Tête à la Femme entre **4** et **6**
- passage glissant par temps humide avant **5** et **7**

À DÉCOUVRIR...

> En chemin :
- abbaye Blanche
- site des cascades
- rocher de l'Aiguille

> Dans la région :
- Bellefontaine : parc de loisirs du Village enchanté
- Brouains : vallée et moulin de la Sée (écomusée)
- Saint-Georges-de-Rouelley : site de la Fosse Arthour, espace naturel sensible

CASCADE DE MORTAIN / PHOTO Francis Massias

ENVIRONNEMENT

La montagne en Normandie

Roches dures, cascades impétueuses, gorges encaissées... Mortain détonne par son allure montagnarde au cœur d'un paysage normand encadré de bocages, de haies et de forêts. Séduits par cette nature pittoresque à quelque 40 km de la mer, les peintres Géricault, Corot et Courbet vinrent y planter leurs chevalets, au XIXe siècle. Le relief tourmenté culminant à 327 m, qui s'offre aujourd'hui au regard, est immuable. Ici, l'« altitude » et l'atmosphère humide conviennent particulièrement à la decticelle des alpages, une sauterelle, à la douinia ovata, une mousse montagnarde, ainsi qu'à la très rare fougère (hyménophylle de Tunbridge).

HISTOIRE

Mortain, sa collégiale et son abbaye

Au sud du duché de Normandie, Mortain est un site stratégique qui défendait l'Avranchin rattaché à la région en 933. C'est ce fief que Guillaume le Conquérant confia au XIe siècle à son demi-frère Robert qui y fortifia le château, pour défendre, avec Domfront, la frontière sud de la Normandie face à la Bretagne et au Maine. La position défensive du comté de Mortain, rattaché en 1204 à la couronne de France après une période de domination anglaise, lui valut d'être au cœur de nombreux combats lors de la guerre de Cent Ans, avant d'être démantelé en 1370.

Seule une partie des remparts survécut. L'imposante collégiale Saint-Évroult, fondée par Robert de Mortain en 1082, affiche toujours sa porte romane du XIIe siècle et sa tour à bâtière de 35 m, l'une des plus hautes de Normandie. Les vitraux retracent la préparation de la conquête de l'Angleterre à laquelle Robert de Mortain a participé aux côtés de Guillaume le Conquérant.

La Seconde Guerre mondiale a heureusement épargné l'abbaye Blanche qui réunit une église abbatiale de style gothique angevin et un cloître du XIIe siècle. Consacrée royale sous Louis XIV, une partie de cette ancienne abbaye cistercienne est aujourd'hui classée monument historique.

ABBAYE BLANCHE DE MORTAIN / PHOTO Francis Massias

HISTOIRE

Une contre-attaque décisive

Sur la Cote 314, dénomination militaire désignant une colline à l'est de Mortain, une stèle rend hommage aux combattants qui se sont illustrés durant la bataille de Normandie.
Après le débarquement en Normandie du 6 juin 1944, les Américains se débattaient à l'ouest au cœur du bocage, tandis que les Britanniques cherchaient à conquérir le flanc est. Fin juillet, l'armée américaine du général Patton réussit la Percée d'Avranches et pénétra en Bretagne. Sur ordre d'Hitler et contre l'avis des chefs militaires, les nazis décidèrent alors de lancer une contre-attaque, du 7 au 13 août. Il s'agissait d'empêcher la progression des Alliés vers l'ouest et la côte. Aidées par l'infanterie, les divisions armées allemandes encerclèrent Mortain, momentanément reprise. Replié au sommet de la Cote 314, un « bataillon perdu » résista durant six jours aux assauts répétés de l'ennemi. Le combat conduira à d'importantes pertes humaines puisque, sur les 950 hommes du bataillon, seuls 376 répondront à l´appel. L'aviation alliée aura finalement raison de l'offensive et permettra, quelques jours plus tard, de signer la défaite des troupes nazies dans la poche de Falaise.

Vue depuis la cote 314 / PHOTO Sébastien Millet/PNRNM

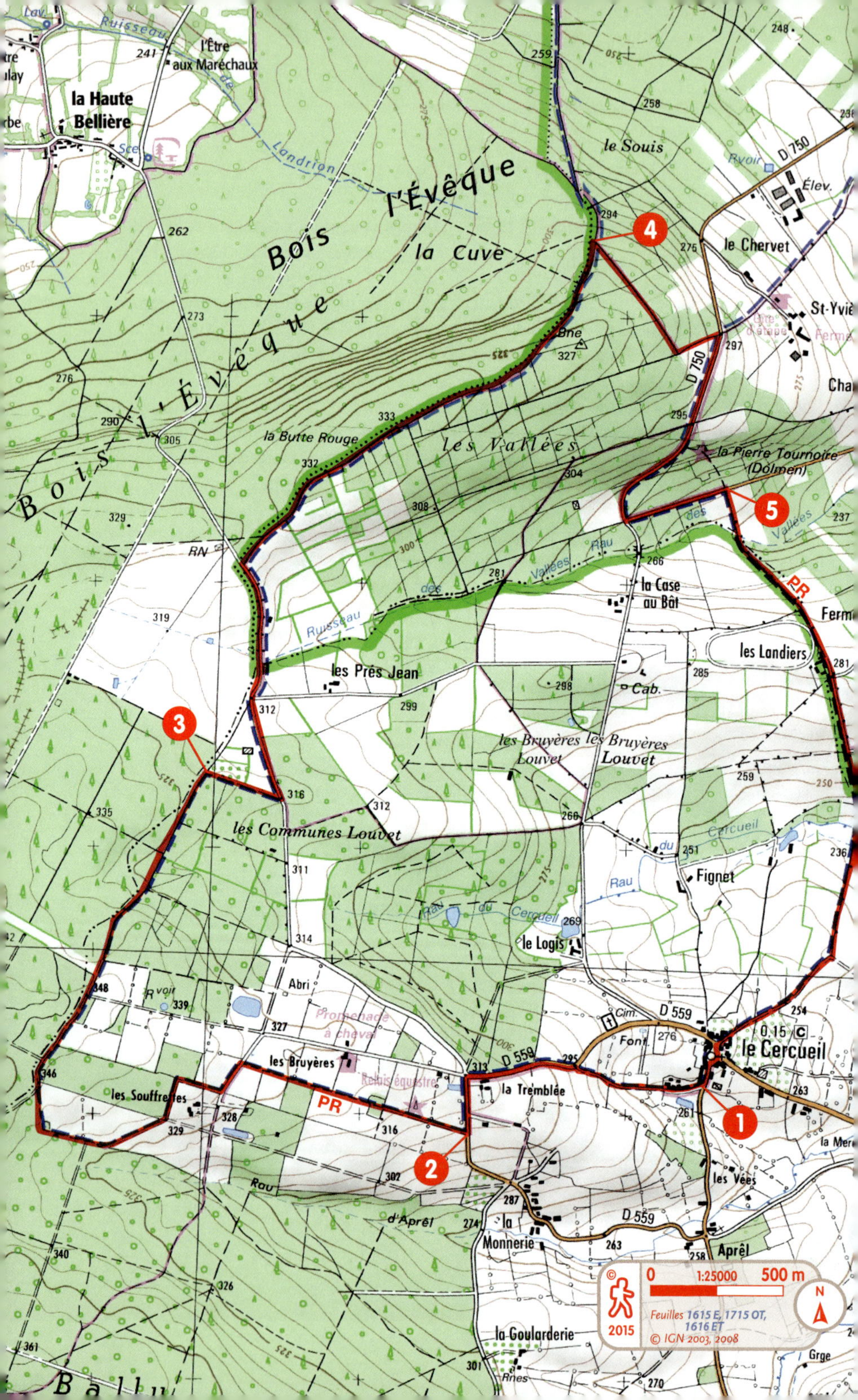

la Haute Bellière
l'Être aux Maréchaux
Ruisseau
Landrion
Bois l'Évêque
la Cuve
le Souis
le Chervet
St-Yvi
Élev.
D 750
Bne
la Butte Rouge
les Vallées
la Pierre Tournoire (Dolmen)
Rau des Vallées
la Case au Bât
les Landiers
Ferm
Ruisseau des Prés Jean
les Prés Jean
Cab.
les Bruyères Louvet
les Bruyères Louvet
les Communes Louvet
Rau du Cercueil
Fignet
le Logis
Abri
Promenade à cheval
Relais équestre
les Bruyères
les Souffreres
la Tremblée
D 559
D 559
Cim.
Font.
le Cercueil
les Vées
Aprêl
Rau d'Aprêl
la Monnerie
la Goularderie
Rnes
Grge
La Mer
PR
PR
1
2
3
4
5
0
1:25000
500 m
N
2015
Feuilles 1615 E, 1715 OT, 1616 ET
© IGN 2003, 2008

Les **mégalithes**

Le Cercueil, ou de son ancien nom « Sarcophagus », est un village qui semble peu engageant, et pourtant, cet itinéraire vous invite à découvrir le nord du massif d'Écouves. Vous y apercevrez ce qui semble être des fosses de guerriers celtiques, marquées par des menhirs, parfois couchés.

1 Face à l'entrée de parking, s'engager dans la voie sans issue. Prolonger la montée par le chemin humide qui débouche sur une route ; l'emprunter à gauche. Au croisement, tourner à gauche sur 200 m.

2 Prendre à droite un chemin bordé de haies. Après 200 m, se trouve sur la droite la Pierre au Busard. Poursuivre le chemin et, au bout, s'engager sur la route à gauche, puis à droite sur le premier chemin. Tourner à gauche pour contourner la propriété et rejoindre la lisière du bois ; la suivre vers la droite. Continuer sur le chemin parfois très humide et toujours en lisière principale.

3 Virer à droite sur le chemin en lisière et rejoindre une route ; l'emprunter à gauche sur environ 1 km. Après une courbe à gauche, bifurquer à droite sur un large chemin qui s'avance sur la crête de la butte Rouge. Dans la descente, atteindre un embranchement.

4 Virer sur la piste à droite, puis au carrefour en T, tourner à gauche. Descendre par la route à droite. Après 450 m, sur la gauche, se trouve le dolmen de la Pierre Tournoire. Continuer par la route jusqu'au croisement. Aller à gauche sur 400 m.

5 Quitter la route pour le sentier à droite. Franchir le gué, remonter vers les Landiers et poursuivre tout droit en laissant les routes à gauche. Après avoir traversé le ruisseau, continuer en gardant la direction. À la fourche, obliquer à droite et gagner le bourg. Contourner l'église et prendre la route à droite pour regagner le départ.

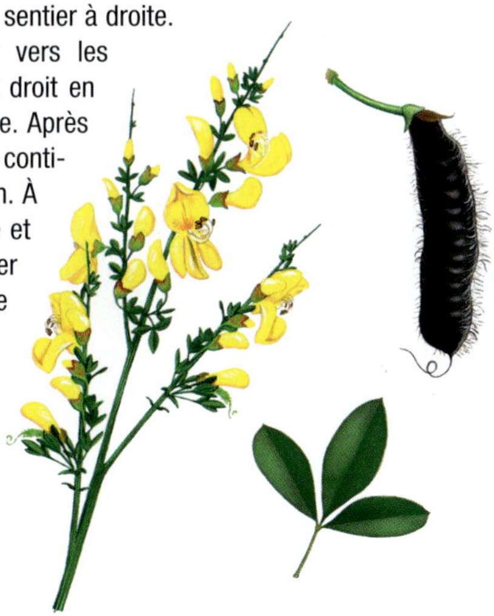

GENÊT / DESSIN P.R.

PR® 13

MOYEN

3H • 12,2KM

S SITUATION
Le Cercueil (61), à l'ouest de Sées par les D 908 et D 26

P PARKING
parking de la mairie

/ DÉNIVELÉE
altitude mini et maxi, dénivelée cumulée à la montée

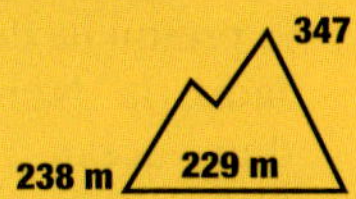

B BALISAGE
jaune

! DIFFICULTÉS !
chemin très humides après épisode pluvieux

À DÉCOUVRIR...

> En chemin :
- la Pierre aux busards, menhir, menhirs couchés

> Dans la région :
- Saint-Hilaire-la-Gérard : carrière des Vaux, réserve naturelle régionale
- Sées, cathédrale (XIIIe, XIVe)

GÉOLOGIE

La carrière des Vaux

Dans l'Orne, à Saint-Hilaire-la-Gérard, la carrière des Vaux offre une possibilité exceptionnelle de remonter le temps, à l'époque de l'ère primaire ! Le site abrite des roches calcaires datant d'il y a plus de 440 millions d'années et renferme de nombreux restes fossiles. Un héritage géologique et paléontologique unique en Normandie et qui n'a d'équivalent que dans le Finistère, sur la presqu'île de Crozon.

Jadis, la Normandie était recouverte d'un océan peu profond situé dans l'hémisphère sud. Y vivaient des animaux aujourd'hui disparus comme des trilobites et des conodontes ainsi que des lys de mer (animaux fixés de la famille des étoiles de mer) et des brachiopodes (coquillages).

Après leur mort, des restes d'animaux ont été cassés, usés, transportés et déposés au sein d'une boue calcaire à l'origine énigmatique. Une fois recouvert, puis sous l'action de la température et de la pression, le calcaire s'est formé, fossilisant les restes de vie.

La présence de ce minuscule affleurement calcaire participe à la reconstitution de la géographie de l'époque et de la présence d'une mer « méditerranéenne » sur le territoire du Parc, mais également dans des contrées d'Europe, d'Inde ou d'Amérique du Sud.

Classé réserve naturelle régionale en 2009, le site assure la protection de ce patrimoine géologique ainsi que la sauvegarde des milieux vivants. Le prélèvement des roches et fossiles y est interdit. Les restes fossiles sont invisibles à l'œil nu.

Calcaire ordovicien / PHOTO PNRNM

CONODONTES / DESSIN Ariane Delrieux

GÉOLOGIE

LES CONODONTES, DES MARQUEURS GÉOLOGIQUES

Étonnants témoignages du monde vivant que sont les conodontes, dont la présence dans l'ancienne carrière des Vaux est remarquable à plus d'un titre. Ces restes fossilisés présentent une taille microscopique car ils ne dépassent pas 2 mm. Ils correspondent aux pièces buccales d'animaux disparus, que l'on appelait « conodontes ». Pas moins de dix-sept espèces de conodontes ont ainsi été dénombrées au cœur de ce site géologique.

Dotés de corps mous, les conodontes étaient semblables à des anguilles. Ils ont peuplé les mers entre le cambrien et le trias (de – 542 à – 200 millions d'années). Ils constituent les seuls témoins fossiles d'un groupe, dont semble être issu l'ensemble des vertébrés. Dans l'histoire de l'évolution de la vie, ils sont donc antérieurs aux premiers poissons dotés d'un squelette et de mâchoires.

Décrits pour la première fois en 1856 par le paléontologue russe Christian Heinrich von Pander, les conodontes sont toujours l'objet de multiples controverses et interprétations. Ils représentent un intérêt scientifique majeur grâce à leur particularité unique de dater les terrains dans laquelle ils apparaissent. Ils servent donc de marqueurs « biostratigraphiques », au sens où ils contribuent à reconstituer les périodes géologiques. Ainsi, les conodontes identifiés sur le site de la carrière des Vaux ont permis de faire parler la roche calcaire qui affiche quelque 443 millions d'années !

la Verrerie
Carref. de l'Etre Normand
Carref. de la Verrerie
Carref. de la Croix de Médavy
le Signal d'Ecouves
FORÊT
Carref. du Grand Pavillon
Carref. de Geoffroy
PARC
DOM
NAT
Carref. de la Fosse à la Femme
le Canard Maison Forest.
Carref. des Quatre Arpents
Roche Gatine
Pierre Chien
NORMA
Stèle
Carref. du Chêne au Verdier
Rochers du Vignage
le Pont de Bourbe Noire
Maison Forest. de la Tasse
Nécropole des Gateys
l'Hermitage
le Vignage
Carrefour des Gros Chênes
Mon Forest. de Fontaine Maç
Centre équestre
GR 36
GR 22
PR
D. 26
D. 226
D. 204
1
2
3
4
5
6
0
1:30000
600 m
(1:25000 réduit)
N
2015
Feuille 1616 ET
© IGN 2008

Pierre Chien

Une des très belles randonnées sur le sud du massif d'Écouves qui vous emmènera tout près du point culminant de Normandie, le Signal d'Écouves.

1 Au croisement de la route forestière des Gateys et de la D 26, longer cette dernière sur 500 m environ en direction d'Alençon. À la maison forestière de la Tasse, prendre à gauche la veille route d'Argentan, aujourd'hui belle allée forestière. Rester sur cette voie principale qui coupe la route forestière de la Briante avant de retrouver la D 26 ; l'emprunter à droite sur quelques mètres.

2 Monter à gauche par un chemin pierreux. Couper peu après une route, puis monter en face. Traverser le carrefour du Grand Pavillon pour arriver à la D 226.

3 S'engager sur la route à gauche sur environ 150 m. Tourner encore à gauche entre les parcelles 378 et 380 (GR® 36). Au carrefour en T, aller à droite, puis de suite à gauche. Au carrefour suivant, suivre la piste à droite sur 300 m avant de tourner dans la première ligne à gauche. Garder cette ligne sur 1,2 km jusqu'au bout de la parcelle 387.

4 Monter à gauche. À la route, prendre à gauche puis à droite entre les parcelles 365 et 367. Au bout, suivre la ligne à droite sur 1 km. Virer à gauche à la parcelle 372 et déboucher sur la route forestière Aubert ; l'emprunter à gauche sur 300 m.

5 Franchir un fossé à droite et s'engager sur un chemin parfois humide. Tourner à droite au chemin empierré, puis virer à gauche sur le chemin avant la parcelle 276.

6 Au carrefour, descendre à droite et franchir un ruisseau. Au chemin forestier empierré, poursuivre à gauche, puis emprunter la route à gauche pour rejoindre le départ.

RENARD / DESSIN P.R.

PR® 14

DIFFICILE

4H15 • 14,4KM

S SITUATION
le Vignage (Saint-Nicolas-des-Bois) (61), à 10 km au nord d'Alençon par la D 26

P PARKING
parking du Rocher du Vignage, forêt domaniale d'Écouves

DÉNIVELÉE
altitude mini et maxi, dénivelée cumulée à la montée

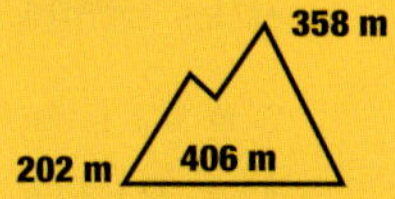

B BALISAGE
jaune

! DIFFICULTÉS !
- vigilance au départ sur la route
- dénivelée importante

À DÉCOUVRIR...

> En chemin :
- forêt domaniale d'Écouves
- rochers du Vignage

> Dans la région :
- parcours santé d'Écouves
- nécropole des Gateys

FAUNE ET FLORE

LA FORÊT DOMANIALE D'ÉCOUVES

Postée entre Carrouges à l'ouest et Sées à l'est, la forêt d'Écouves est la plus vaste sur le territoire du Parc. Sur les 12 000 ha que compte sa superficie, 8 200 ha font partie du domaine privé de l'État et sont en conséquence gérés par l'Office national des forêts (ONF). Composé de reliefs variés allant jusqu'à 413 m d'altitude au dit signal d'Écouves, ce massif forestier est planté d'une multitude d'espèces. Si les feuillus tels les chênes, les hêtres, les bouleaux et les trembles dominent les plateaux, les résineux s'épanouissent le long des crêtes : ainsi, les épicéas communs voisinent avec les pins laricio et sylvestres, les douglas et les sapins pectinés.
Même si le loup a disparu de cette ancienne forêt royale à la fin du XIXe siècle, le gibier reste abondant. Dans ce vaste territoire fréquenté par les cerfs, les biches, les chevreuils et les sangliers, le droit de chasse reste, comme dans toute forêt domaniale, régi par l'État et soumis à une stricte réglementation.

ENVIRONNEMENT

LA RÉGÉNÉRATION DE LA FORÊT

Avec une surface forestière de 20 %, le territoire du Parc reste le plus boisé du grand Ouest. Face aux débouchés qu'offre la forêt et aux défis climatiques annoncés, cette dernière se doit d'évoluer en adoptant les critères d'une gestion durable. Ainsi, les opérations de boisement et de reboisement réalisées dans les années 1960 ont permis de diversifier les peuplements en introduisant de nouvelles espèces. Face aux feuillus – hêtres et chênes – qui règnent en maître, les résineux ont progressé et constituent près de 40 % de la superficie. Toutes ces essences procurent des ressources importantes. Utilisées en charpente, en menuiserie mais aussi en ébénisterie, elles fournissent également un bois de chauffage avec la production de bûchettes, combustible d'avenir pour les chaudières collectives.

EXPLOITATION FORESTIÈRE / PHOTO PNRNM

GESTION FORESTIÈRE / PHOTO PNRNM

CIGOGNES NOIRES / PHOTO René Reboux

FAUNE ET FLORE

LA CIGOGNE NOIRE

Moins connue que sa cousine blanche familière des cheminées alsaciennes, la cigogne noire est le plus grand oiseau forestier de France. Avec un poids d'environ 3 kg pour une envergure pouvant atteindre 1,55 m, cet échassier présente un corps élancé. Il est aisément reconnaissable à son ventre blanc et à son plumage noir, teinté parfois de reflets métalliques verts ou violets. Cet oiseau migrateur passe l'hiver en Afrique et revient en Europe méridionale durant l'été. On le trouve dans les vastes massifs forestiers, où il affectionne les ruisseaux, les marais et les prairies humides. Insectes, crustacés et petits poissons composent son ordinaire qu'il traque de son long bec tranchant.

En France, la cigogne noire est visible en Champagne-Ardenne, dans le Centre, en Franche-Comté, mais aussi en Normandie. Les cas de nidification observés depuis 2010 dans le Parc, notamment dans l'Orne, prouvent qu'elle semble trouver ici un terrain favorable pour sa reproduction, pour autant que l'homme ne perturbe pas son lieu de vie. En effet, cette espèce protégée très farouche est menacée par le dérangement et la modification de son habitat naturel.

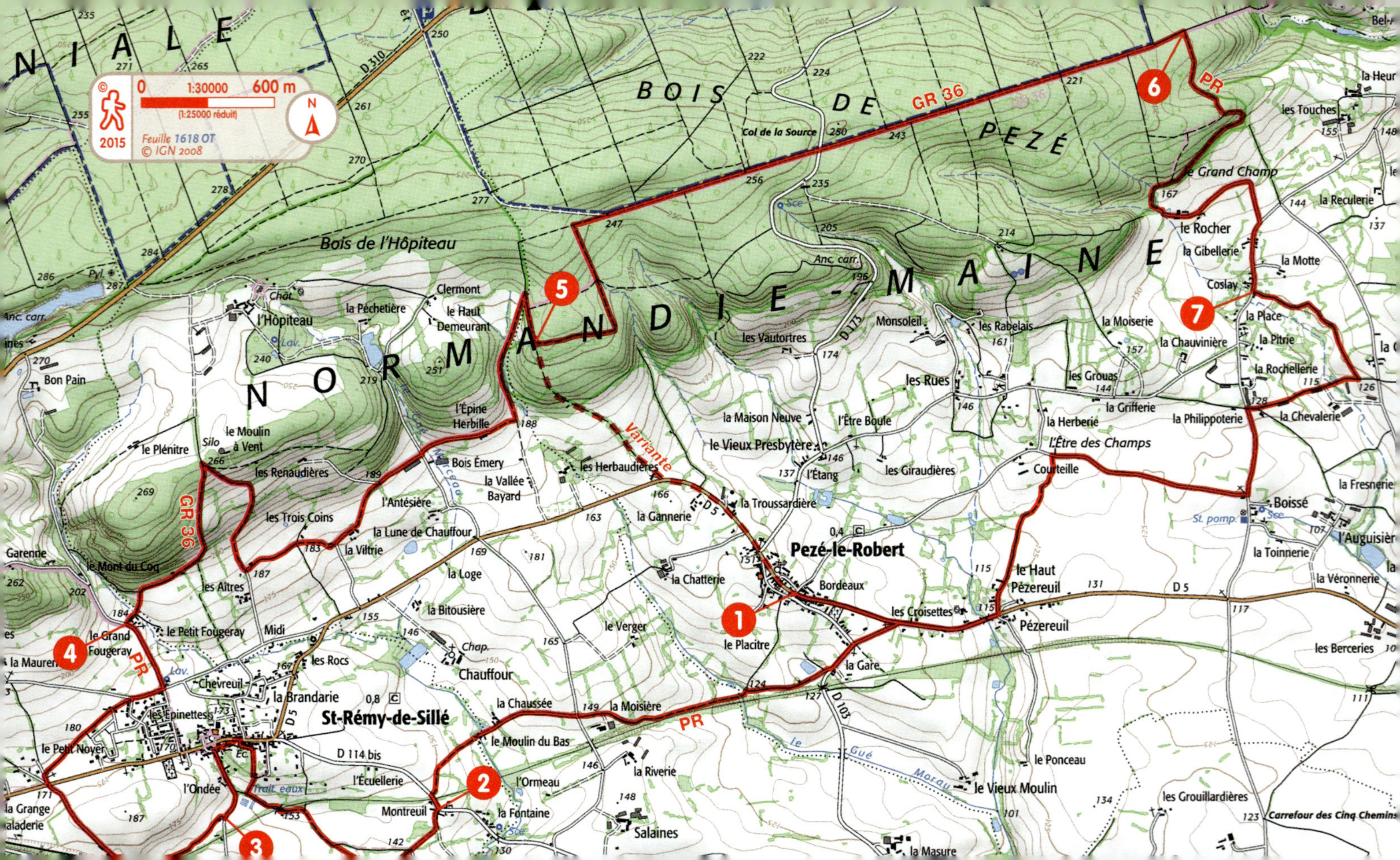

0 1:30000 600 m
(1:25000 réduit)
Feuille 1618 OT
© IGN 2008
© 2015
N
BOIS DE PEZÉ
GR 36
NORMANDIE-MAINE
Bois de l'Hôpiteau
Col de la Source
Pezé-le-Robert
St-Rémy-de-Sillé
Variante
PR
D 5
D 103
D 114 bis
D 310
D 173
l'Hôpiteau
Clermont
le Haut Demeurant
la Péchetière
Bon Pain
le Plénitre
le Moulin à Vent
les Renaudières
l'Épine Herbille
Bois Émery
la Vallée Bayard
l'Antésière
la Lune de Chauffour
les Trois Coins
la Viltrie
le Mont du Coq
les Aîtres
le Grand Fougeray
le Petit Fougeray
Midi
la Maurene
Chevreuil
les Épinettes
la Brandarie
les Rocs
le Petit Noyer
l'Ondée
la Grange
l'Écuellerie
Montreuil
la Fontaine
l'Ormeau
le Moulin du Bas
la Chaussée
la Moisière
Chauffour
la Bitousière
la Loge
le Verger
Salaines
la Riverie
les Herbaudières
la Gannerie
la Troussardière
la Chatterie
le Placitre
Bordeaux
les Croisettes
la Gare
le Vieux Presbytère
l'Étang
la Maison Neuve
l'Être Boule
les Giraudières
les Vautortres
Monsoleil
les Rabelais
les Rues
les Grouas
la Grifferie
la Herberie
l'Être des Champs
Courteille
le Haut Pézereuil
Pézereuil
le Ponceau
le Vieux Moulin
la Masure
les Grouillardières
la Philippoterie
la Chevalerie
la Rochellerie
la Pitrie
la Place
Coslay
la Chauvinière
la Moiserie
la Gibellerie
le Rocher
la Motte
le Grand Champ
la Reculerie
les Touches
la Fresnerie
Boissé
la Toinnerie
la Véronnerie
l'Auguisière
les Berceries
Carrefour des Cinq Chemins
St. pomp.
le Gué Morau
Trait. eaux
Anc. carr.
Chap.
Silo

Pezé-le-Robert, sur les **bords** du massif Armoricain

PR® 15

DIFFICILE

6H30 • 21,2KM

Au sud, vous observerez un paysage de plaine. Au nord, pentes, bocage et forêt qui le surplombe. Cet itinéraire vous invite à arpenter la limite géologique entre le Bassin parisien et le Massif armoricain qui a marqué ces paysages.

1 Quitter le bourg vers le sud-est et prendre à droite la D 103. À la Coudraie (la Gare), bifurquer sur le chemin de droite. Laisser un chemin à droite pour continuer dans le vallon. Le chemin remonte un peu pour gagner une route à la Moisière. Continuer par la route en face, puis par un chemin jusqu'à la D 114b ; l'emprunter à gauche, traverser la voie ferrée et tourner à droite par la route.

2 À la fourche, prendre le chemin de droite, puis le second à droite. Passer sous la voie ferrée. Juste après l'entrée de la station d'épuration, monter par un chemin à droite au centre de Saint-Rémy-de-Sillé. Faire quelques mètres à gauche dans la rue principale. Tourner de suite à gauche dans une ruelle, puis encore à gauche.

3 S'engager à droite sur un chemin le long d'une maison avant la voie ferrée, puis remonter par la petite route qui le prolonge. Traverser la D 5 et aller en face sur quelques mètres. Obliquer sur le premier chemin à droite. Longer un lotissement, laisser une route à gauche et atteindre un croisement. À gauche, gagner le Grand Fougeray.

4 Tourner à droite (GR® 36), monter à gauche par le chemin, puis à droite en lisière. En haut, virer à droite et, au goudron, prendre à gauche. Continuer tout droit par chemins et petites routes. Dépasser des bâtiments agricoles, puis la maison de l'Épine Herbille. Au carrefour en T, remonter vers la gauche (parcelle 546), puis virer à droite.

> Possibilité de rejoindre le départ en prenant en face le long de la parcelle 547, puis à gauche sur la route.

5 Tourner à gauche entre les parcelles 546 et 547 et remonter entre les parcelles 546 et 544. Aller à droite et suivre la route forestière des Trois-Seigneurs (GR® 36). Au col de la Source, prendre en face la route forestière de Pommereuil.

6 Prendre à droite entre les parcelles 535 et 536. Au Rocher, suivre la route, puis aller à droite au croisement. Passer Coslay.

7 Tourner à gauche sur un chemin, puis à droite au croisement. À la route, bifurquer à gauche puis prendre à droite au calvaire. À l'Être des Champs, quitter la route pour un chemin à gauche menant à la D 5. À droite, rejoindre le départ.

S SITUATION
Pezé-le-Robert (72), à 6 km à l'est de Sillé-le-Guillaume par la D 5

P PARKING
près de l'église

DÉNIVELÉE
altitude mini et maxi, dénivelée cumulée à la montée

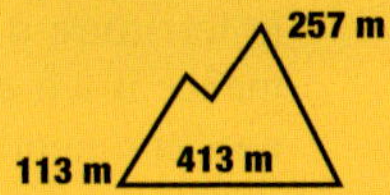

B BALISAGE
jaune

! DIFFICULTÉS !
chemin humide après l'Être des Champs

À DÉCOUVRIR...

> En chemin :
- paysage de plaine
- bois de Pezé

> Dans la région :
- château de Sillé-le-Guillaume, Sillé Plage

GÉOLOGIE

SUR LES CONTREFORTS DU MASSIF ARMORICAIN

Façonnée au fil des grands bouleversements géologiques et climatiques, l'histoire du Parc naturel régional Normandie-Maine est liée à celle du massif Armoricain. Culminant à plus de 410 m dans la forêt d'Écouves et au mont des Avaloirs, ce massif s'étend, à l'ouest de la France, en Bretagne, en Vendée et en Anjou, jusqu'en Normandie et aux Pays de la Loire. Sur le territoire du Parc, son origine commence il y a près de 600 millions d'années et s'étend sur deux grands épisodes dits « cycles orogéniques ».

Le premier voit la création du socle précambrien et de la chaîne cadomienne (en référence au nom latin de la ville de Caen) : ce sont d'anciens sédiments argileux, transformés en schistes sous l'influence de la pression, des granites et quelques roches volcaniques que l'on peut observer à l'ouest du Parc.

Le deuxième cycle s'étale sur une grande partie de l'ère primaire et aboutit vers 350 millions d'années à la formation de la chaîne. Il en résulte de grands plissements constitués de grès et de schistes, dont les vestiges arment aujourd'hui les reliefs de Mortain à Domfront.

Au cours des ères secondaire et tertiaire, l'érosion attaquera les roches en place, tandis que les grandes glaciations de l'ère quartenaire les fractureront et les modèleront pour produire la géographie actuelle si emblématique, faite de plis, de failles, d'affleurements et d'escarpements.

GRÈS ARMORICAIN ET CLUSE / PHOTO PNRNM

FAUNE ET FLORE

LE MONDE ANIMAL ET VÉGÉTAL DES COTEAUX CALCAIRES

ANÉMONE PULSATILLE / PHOTO Francis Massias

Au nord de la Sarthe, à proximité de la forêt de Perseigne, la vallée du Rutin et les coteaux de Chaumiton se caractérisent par des vallons encaissés, creusés dans des terrains calcaires pentus et couverts de landes et de pelouses sèches. Ce milieu naturel offre une remarquable diversité en matière d'espèces végétales et animales, qui trouvent ici un lieu à leur convenance.

Si le sol sec, caillouteux et pauvre en nutriments convient particulièrement à l'anémone pulsatille aux inflorescences violettes et au feuillage duveteux argenté, il s'accorde aussi à la globulaire, dont les fleurs bleues s'épanouissent d'avril à juin. La gentianelle amère et le petit pigamon, variété d'herbacée, élisent également domicile ici. Mais les vedettes du lieu restent les nombreuses orchidées sauvages qui, telles les ophrys, colonisent les pelouses au printemps.

Côté faune, une population de 400 à 600 chauves-souris vient chaque année hiberner dans les anciennes champignonnières, comme le petit et le grand rhinolophe, la barbastelle commune et le grand murin. Les fonds cristallins du Rutin hébergent le chabot tandis que les abords du ruisseau sont fréquentés par l'agrion de Mercure, petite libellule. On note, par ailleurs, la présence dans la vallée du lézard vert et du lézard des murailles.

Néanmoins, cette flore et cette faune protégées restent vulnérables et souffrent de l'abandon des pratiques agricoles qui conduit à l'embroussaillement et donc à la disparition des espèces. Le classement de la zone en site Natura 2000 constitue donc un enjeu de taille puisqu'il permet de restaurer ces milieux et d'en préserver la diversité biologique.

COTEAU CALCAIRE / PHOTO PNRNM

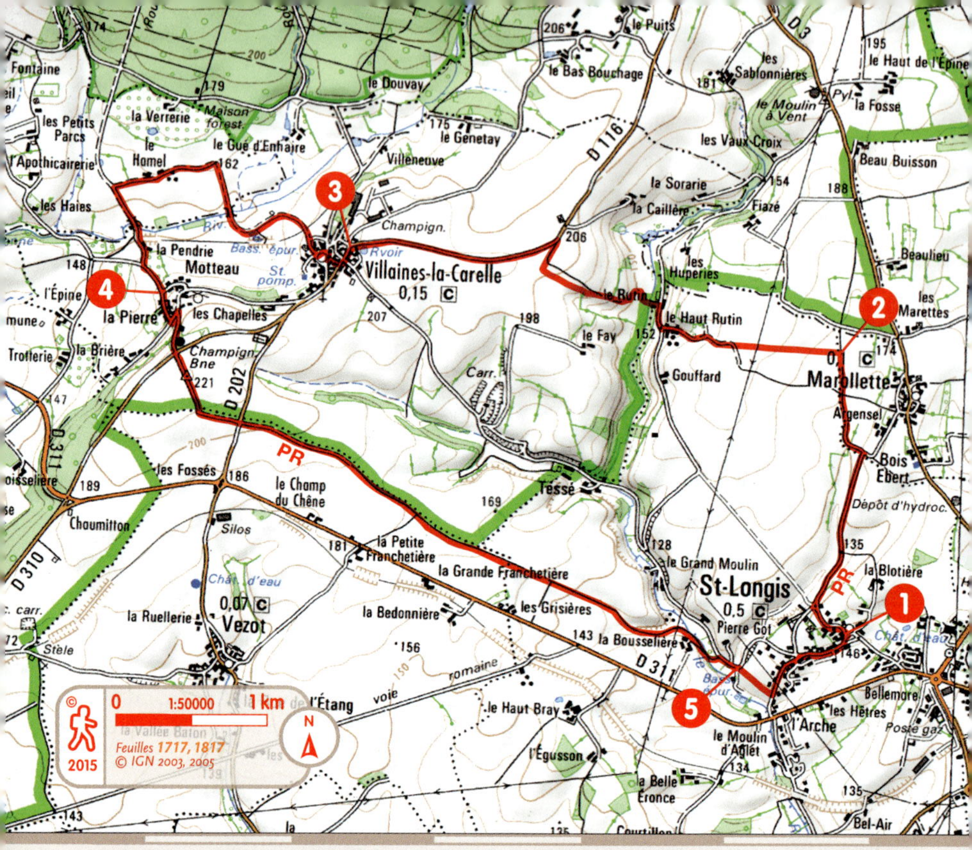

FAUNE ET FLORE

Les ophrys ou l'art du mimétisme

Véritables prodiges de la nature, les ophrys sont de petites orchidées sauvages qui souvent imitent les insectes dont elles prennent le nom. Ainsi, l'ophrys abeille possède des fleurs dont l'un des pétales, baptisé labelle, ressemble à s'y méprendre à l'abdomen d'un insecte femelle. Victimes de cette supercherie, les mâles d'abeilles et de bourdons s'en approchent et se chargent de polliniser la plante vivace. Fait méconnu, on dénombre pas moins de 50 espèces en France, que l'on trouve essentiellement dans le nord et le sud du pays. Dans le territoire du Parc, les délicates ophrys abeille, araignée et mouche investissent les talus, les pelouses rases et les sols calcaires, d'avril à juillet.

ORCHIDÉE-OPHRYS / PHOTO Thomas Bousquet

Saint-Longis

PR® 16

DIFFICILE

4H30 • 15,2KM

Taillé dans un plateau calcaire, la vallée du Rutin et les coteaux de Chaumiton abritent une biodiversité remarquable. Cet itinéraire vous invite à la découverte de ces pelouses calcicoles et de sa flore caractéristique.

CHAUVE-SOURIS (PETIT MURIN) / DESSIN P.R.

1 Quitter le village vers le nord-ouest en direction de Marollette. Au croisement, prendre à droite toujours vers Marolette. Dans un virage bien marqué à droite, s'engager sur le chemin à gauche.

2 Tourner à gauche sur un chemin bordé d'une haie pour passer la colline et redescendre jusqu'à une route dans la vallée du Rutin ; l'emprunter à droite. À la ferme, continuer à gauche et franchir le Rutin. Observer les pelouses calcicoles. Monter le coteau et, en haut au carrefour en T, tourner à droite vers la D 116 ; la suivre à gauche pour rejoindre Villaines-la-Carelle.

3 Au premier carrefour du village, prendre à gauche la voie du Haut-Maine, puis la deuxième à droite, la ruelle des Aurores. Au bout, contourner l'église par la droite, puis aller à droite chemin du Hamel pour quitter le village. Descendre en face par le chemin d'exploitation. Rester sur l'itinéraire principal qui franchit le vallon, puis remonte un peu avant de tourner à gauche. Passer la maison du Hamel, puis continuer à gauche jusqu'à une route ; l'emprunter à gauche.

4 Ignorer Motteau à gauche, traverser la Pierre, puis virer à gauche. Après 100 m, monter à droite par la route. Au croisement, prendre en face un chemin agricole. Couper la D 202 et continuer tout droit sur plusieurs kilomètres. Le chemin descend doucement jusqu'à la vallée du Rutin. Franchir le cours d'eau et tourner à droite sur la route.

5 Quitter la route en prenant le chemin à droite en direction du village. À la route, remonter à gauche au départ.

S SITUATION
Saint-Longis (72), à 2 km à l'ouest de Mamers par la D 311

P PARKING
place de l'Église

/ DÉNIVELÉE
altitude mini et maxi, dénivelée cumulée à la montée

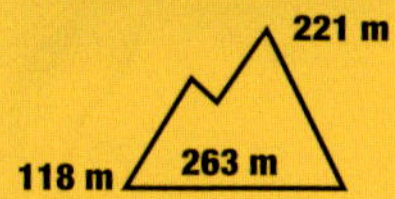

B BALISAGE
flèches en bois, bleu

À DÉCOUVRIR...

En chemin :
- église de Saint-Longis
- bourg de Villaines-la-Carelle

Dans la région :
- Mamers
- Voie verte du Saosnois

TERROIR

Le Parc, ses vaches et ses fromages

DÉGUSTATION DE FROMAGES / PHOTO PNRNM

Territoire à dominante rurale, le Parc compte 157 000 ha de surfaces agricoles occupées par des prairies et des cultures fourragères. Si les terres fertiles du Bassin parisien conviennent aux grandes cultures, les sols acides de Normandie-Maine sont utilisés pour l'élevage laitier, depuis le début du XXe siècle. Dans ce paysage encore marqué par le bocage, les vaches normandes, prim'holstein et charolaises constituent les espèces dominantes. Le lait peut servir à produire le Carrouges, fromage à pâte pressée cuite de type gruyère, au petit goût de noisette caractéristique, mais aussi l'Entrammes : depuis fin 2010, une quarantaine de producteurs bio de Mayenne et de l'Orne fabriquent, en coopérative, ce fromage de pays au lait cru.

La **boucle** des **moulins**

À la découverte de la vallée sauvage de la Mayenne sur le GR® 22C.

1 Du bas-côté de l'église, emprunter le chemin de Marquouet qui dévale vers un ruisseau affluent de la Mayenne. Traverser sur le pont de bois, remonter le bosquet et poursuivre à gauche en sous-bois. Traverser le champ *(troupeaux, bien refermer les clôtures ou passer par les échaliers).* Remonter à droite vers la ferme de la Barate. Ne pas s'engager dans la cour, mais poursuivre à gauche par le chemin goudronné. En face, traverser le hameau de la Poterie et continuer tout droit pour arriver au bourg de Saint-Calais-du-Désert. De la mairie, s'avancer à gauche jusqu'à l'église *(dont le clocher avait été abattu par la tempête de décembre 1999).*

2 Cheminer sur la D 244 en direction de Pré-en-Pail en empruntant les bermes *(prudence !).* Passer le hameau de la Boissière en restant sur la départementale jusqu'à Masnelle. Tourner alors à gauche. Traverser le hameau puis s'engager, encore à gauche, dans un chemin creux. Il vire à droite et rejoint le hameau du Haut Epinay. Par la route, descendre au Bas Epinay.

3 Traverser la voie communale. Descendre par un chemin empierré (GR® 22C) et longer la Mayenne. Passer la grotte de « Lourdes », puis un départ de chemin de croix sur le coteau. Aller en face sur la route, puis à droite pour gagner un ancien moulin à foulons, le moulin de Cordouen.

> Par le GR® 22C à gauche, possibilité de rejoindre le moulin à Papier, puis l'itinéraire par la route à droite.

4 Franchir la Mayenne à droite sur un pont de bois, puis continuer au pied du coteau *(à droite, le Chatelier)* jusqu'à la D 244.

5 Aller à droite (GR® 22C), puis à gauche au carrefour vers la Hardonnière, sur quelques mètres. S'engager à gauche sur un chemin de terre *(refermer la barrière).* Longer un bois, puis traverser un chemin d'exploitation empierré et continuer par un nouveau et large chemin. Contourner sur la D 3 l'entrée d'une propriété privée et descendre en sous-bois pour cheminer dans l'ancien bief du moulin Arrondeau, converti en sentier de randonnée. Arriver au moulin Arrondeau.

6 Traverser la Mayenne sur un pont métallique et grimper par un sentier abrupt jusqu'au point de départ.

PR® 17

FACILE

3H • 10KM

S SITUATION
Couptrain (53), à 8 km à l'est de Pré-en-Pail par la D 176

P PARKING
route de l'Église

/ DÉNIVELÉE
altitude mini et maxi, dénivelée cumulée à la montée

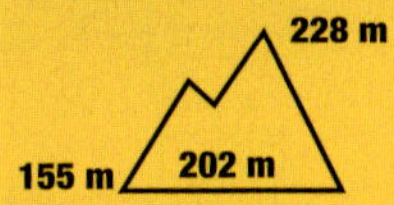

B BALISAGE
1 à **3** > jaune
3 à **6** > blanc-rouge
6 à **1** > jaune

! DIFFICULTÉS !
- chemin humide après **4** en rive gauche
- raidillon après **6**

À DÉCOUVRIR...

> En chemin :
- vallée de la haute Mayenne
- moulin de Cordouen
- le Chatelier, ancienne motte féodale à proximité de Cordouen

> Dans la région :
- mont des Avaloirs
- gorges de Villiers
- écomusée de Madré
- Bagnoles-de-l'Orne, station thermale

la Mondrie
le Rocher Barré
Mauny
le Plessis
la Chevrollière
les Noës
la Paumerie
Lamberdière
la Sauvagère
Dolmen
le Bray
les Cortières
les Friches
le Pré au Sergent
Vée
de Livet
Carref. de la Sauvagère
Carref. du Gravier
les Landes
la Touche
la Sauquetière
Launay
St-Maurice-du-Désert
la Louvetière
les Nouettes
la Foutelaie
la Rachée
le Goutier
le Mont Albert
la Héronnière
les Noës Jean
la Roculière
les Vallées
le Mont Oiselet
la Bourrelière
Carref. des Marcassins
Mont en Gérôme
les Perres
Carref. du Désert
la Forge
la Mare Malet
la Fontaine de Lierre
la Pierre Levée
la Bélère
les Vaux
la Pilonnière
Carrefour du Veneur
Carref. des Vallées de Misère
Carrefour de la Brisette
Carref. des Amazones
les Prises
la Fieffe Palluel
la Fosse
la Pennerie
Centre Équestre
la Tristière
Carref. des Chevillards
Carref. du Cerf
Carref. du Gué de Chalandray
l'Être aux Gras
le Val de Getel
les Landes
le Bouillon Thébault
Carref. des Cerisiers
Beaulieu
l'Être Barre
St-Michel-des-Andaines
la Magdelinière
la Bigotière
les Nouëlles
le Grand Gué
la Prise Pontin
Carref. de la Hache
GR 22B
PR
la Grande Prise
Rocher Broutin
la Parvallière
les Tesnières
la Prise Pontin
la Prise du Gué
la Passée
le Gué aux Biches
Carref. du Plancher Potier
les Tupinières
le Bézier
le Rocher Marie
Carrefour Adam
le Manoir du Lys
Prieuré St-Ortaire
Forêt de la Ferté-Macé
l'Être Guérin
la Croix Gautier
l'Hôtel Préaux
la Grande Houssaye
la Tanière
Bagnoles-de-l'Orne
Carref. de l'Épinette
Carrefour du Pont du Fresnay
la Guillou
le Gros Chêne
le Plateau
Casino
Carrefour du Panier
la Prise Tarot
les Houlettes
le Haut Coudray
le Carrefour
la Massue
Thermes
Mille Mottes
la Petite Houssaye
la Chaillotière
Guéronnière
Aérodrome
la Hubaudière
les Perriers
les Buards
l'Érable
la Frogerie
la Bigottière
les Bruyères
D 53
D 18
D 218
D 908
D 335
D 235
D 387
D 887
0 1:50000 1 km
2015
Feuilles 1515, 1516
© IGN 2003, 2004

La **ronde** des **Archanges**

PR® 18

DIFFICILE

6H • 20,5KM

À quelques mètres de la lisière de la forêt se dresse la chapelle des Prises. Elle garde la mémoire du lieu ; les prises sont des portions de forêt que les propriétaires donnaient à un citoyen pour les défricher.

1 De la D 908, dos à l'église, suivre à droite la rue de l'Être-Plessis pour quitter le village. Prendre la première route à gauche, prolongée d'un chemin en descente. Continuer à droite sur le chemin avant le pont, puis remonter à une route ; l'emprunter à gauche et aller en face au croisement.

2 Tourner à gauche avant un calvaire, puis longer longuement la lisière de la forêt jusqu'à la D 53 ; la traverser et se diriger vers la Forge.

3 Dans le virage après l'étang, prendre à gauche le chemin qui surplombe la propriété de la Forge. Poursuivre en lisière de forêt ; passer à proximité de la chapelle des Prises, puis pénétrer dans le sous-bois. Suivre une ligne forestière à gauche, traverser le carrefour des Amazones et gagner le carrefour de la Brisette.

4 Bifurquer à gauche sur la route forestière du Gué-de-Challandray. Au bout, aller à droite, puis de suite à droite, poursuivre entre les parcelles 106 et 114. Au carrefour Ferrière, partir sur la route à gauche, franchir la D 908 *(prudence !)* et filer tout droit jusqu'à la D 53 (2 km) ; la traverser *(prudence !)* et continuer en face.

5 Au bout du centre équestre, quitter le GR® 22 en bifurquant à gauche le long du centre. Poursuivre sur un chemin. Au carrefour du Plancher Potier (D 386), continuer en face par la route forestière.

6 S'engager à droite entre les parcelles 103 et 104, longer vers la gauche la D 386, puis passer sous le pont de la voie ferrée à gauche. Aller à droite *(voir prieuré à gauche)* puis de suite à gauche sur un chemin qui contourne le prieuré Saint-Ortaire. Remonter ensuite vers la route forestière ; la prendre à droite sur 200 m.

7 S'avancer à gauche entre les parcelles 45 et 46. Admirer le chêne Hyppolite, puis tourner à gauche sur la sommière du Rocher-Broutin. Bifurquer à droite le long de la Voie verte, puis à gauche sur la sommière de la Magdelinière.

8 Continuer à droite entre les parcelles 27 et 28. À proximité du rocher Broutin, dévier à gauche en lisière et continuer jusqu'à la D 908. Traverser et prendre en face le chemin jusqu'au carrefour de l'Aumône. Virer à gauche et rentrer par la route au départ.

S SITUATION
Saint-Michel-des-Andaines (61), à 5 km à l'ouest de la Ferté-Macé par la D 908

P PARKING
à la sortie du village par la rue du Plessis

/ DÉNIVELÉE
altitude mini et maxi, dénivelée cumulée à la montée

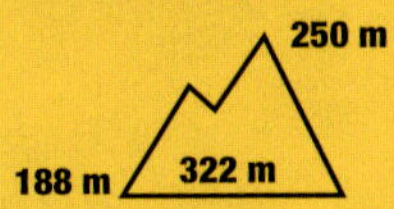

B BALISAGE
jaune

! DIFFICULTÉS !
vigilance en période de chasse

À DÉCOUVRIR...

> En chemin :
- la Forge, étang
- chapelle des Prises (propriété privée)
- prieuré Saint-Ortaire

> Dans la région :
- Bagnoles-de-l'Orne : station thermale
- La Ferté-Macé : base de loisirs
- Juvigny-sous-Andaine : la tour de Bonvouloir, site emblématique du réseau Monts et Marches du Parc Normandie-Maine

ENVIRONNEMENT

LA FORÊT DOMANIALE DES ANDAINES

Au Moyen Âge, la *Sylva andenae* formait un vaste massif boisé qui, de Domfront à Alençon, séparait la Normandie du Maine. De cet ensemble naquit la forêt des Andaines qui rassemble, depuis la Révolution, le massif des Andaines, à l'ouest, et celui de la Ferté-Macé, à l'est.

Dans ce relief de 5 400 ha chahuté par des crêtes, des escarpements et des bandes de grès se dessinent des vallons profonds, visités par trois rivières – la Vée, la Gourbe et la Maure – et de nombreux ruisseaux. Les pâturages intensifs et l'exploitation pour la forge, la verrerie, la tuilerie et la poterie ont profondément transformé cette forêt à la fin du XVIIIe siècle, et il fallut attendre un siècle pour que celle-ci soit finalement reconstituée.

Le reboisement en futaie de conifères sur 60 % de sa superficie explique aujourd'hui la présence de pins sylvestres, d'épicéas communs et de sapins pectinés. Le reste du massif est planté de feuillus, avec une prédominance du hêtre qui est venu remplacer le chêne.

SAINT-MICHEL-DES-ANDAINES / PHOTO Sébastien Millet/PNRNM

HISTOIRE

QUAND LES VESTIGES DE GUERRE SE MÊLENT DE BIODIVERSITÉ

Durant la Seconde Guerre mondiale, la forêt des Andaines abrita un dépôt de munitions, une réserve de carburant ainsi qu'un entrepôt pour les chars de l'armée allemande. Ce point stratégique, situé à proximité des gares de Domfront et de Bagnoles-de-l'Orne, à un peu plus d'une heure seulement du mur de l'Atlantique, assurait le ravitaillement du front ennemi. Mais les Américains, fraîchement débarqués, repérèrent la zone et la pilonnèrent le 18 juin 1944. Suite aux bombardements, des trous d'obus se transformèrent en centaines de mares qui, mises au jour par la tempête de 1999, furent restaurées depuis.

Aujourd'hui, les vestiges de ces lieux de stockage sont encore visibles dans le cortège des mares du Garde Général. Le site présente, par ailleurs, un intérêt écologique majeur du fait de la présence du triton marbré et d'espèces végétales protégées en Basse-Normandie, telle l'utriculaire citrine, plante aquatique vivace.

RELIGION

Le culte de saint Michel

Représenté en chevalier ailé terrassant le démon, saint Michel est considéré dans la religion chrétienne comme un archange défenseur de la Foi. Intermédiaire entre l'homme et Dieu, il est chargé de peser les âmes des fidèles défunts et d'accompagner leur passage dans l'au-delà.

C'est au cours du VIIIe siècle que le culte de saint Michel fit son apparition en Normandie, avec l'élévation d'un premier oratoire, en 709, au Mont-Tombe qui deviendra le fameux Mont-Saint-Michel.

Les Normands vénéraient ce saint et lui dédièrent plusieurs églises, qu'ils édifièrent le long des chemins que les pèlerins du Moyen Âge, venus de toute l'Europe, utilisaient pour rejoindre le Mont-Saint-Michel. Beaucoup de ces lieux de culte anciens ont aujourd'hui disparu et, sur les sept églises que comptait le département de l'Orne, quatre seulement sont encore debout, telle la petite chapelle Saint-Michel de La Lande-de-Goult, dont l'emplacement date du XIe siècle. Plus récente, la paroisse du village de Saint-Michel-des-Andaines n'a été érigée, pour sa part, qu'au XIXe siècle.

Chapelle Saint-Michel – La Lande-de-Goult / PHOTO PNRNM

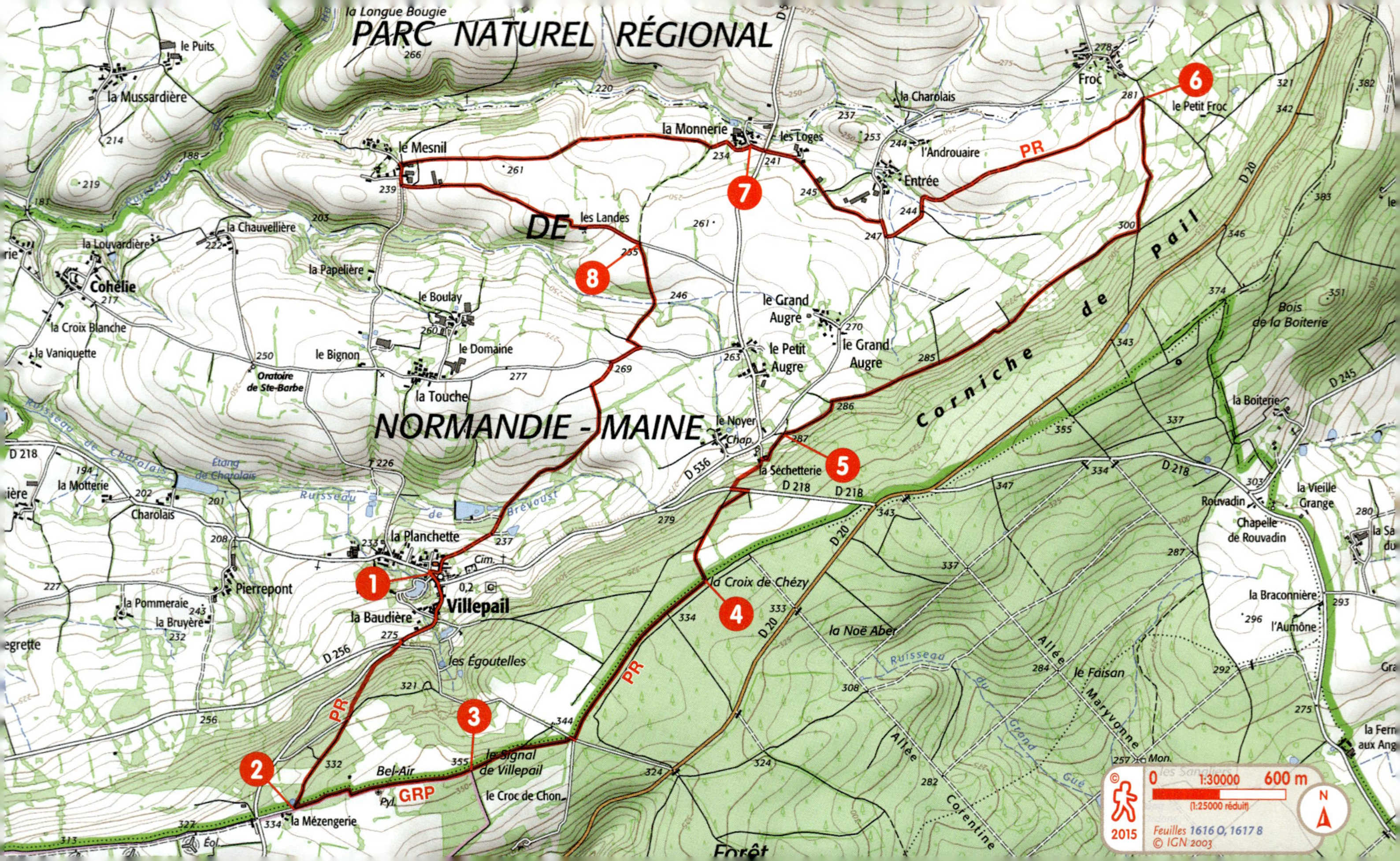
PARC NATUREL RÉGIONAL
DE
NORMANDIE - MAINE
Corniche de Pail
Villepail
la Planchette
la Baudière
les Égoutelles
le Signal de Villepail
le Croc de Chon
Bel-Air
la Mézengerie
la Croix de Chézy
la Séchetterie
le Noyer
le Grand Augre
le Petit Augre
la Monnerie
les Loges
Entrée
l'Androuaire
la Charolais
Froc
le Petit Froc
le Mesnil
les Landes
la Papelière
le Boulay
le Domaine
la Touche
le Bignon
Oratoire de Ste-Barbe
la Chauvellière
la Louvardière
Cohélie
la Croix Blanche
la Vaniquette
la Mussardière
le Puits
la Longue Bougie
Pierrepont
la Pommeraie
la Bruyère
Charolais
la Motterie
Étang de Charolais
Ruisseau de Brévoust
la Noë Aber
le Faisan
Allée Maryvonne
Allée Corentine
Ruisseau du Grand Gué
Bois de la Boiterie
la Boiterie
Rouvadin
Chapelle de Rouvadin
la Vieille Grange
la Braconnière
l'Aumône
la Ferme aux Anges
Forêt
PR
GRP
D 20
D 218
D 256
D 536
D 245
0 1:30000 600 m
(1:25000 réduit)
N
2015
Feuilles 1616 O, 1617 8
© IGN 2003
1
2
3
4
5
6
7
8

Le **sentier** de la **chapelle** du **Bon-Secours**

PR® 19

MOYEN

3H45 • 14,2KM

Cet itinéraire vous hisse sur les hauteurs de la corniche de Pail et vous dévoile par ses sentiers singuliers les richesses de la nature.

ENGOULEVENT / DESSIN P.R.

1 De la place de l'Église, emprunter la D 256 en direction de Villaines-la-Juhel (rue de la Baudière) jusqu'au second carrefour. Sur la gauche de la route, gravir le sentier des Ruchers jusqu'à la Mézengerie *(flore des sols gréseux acides : bruyères et myrtilles).*

2 Suivre le chemin à gauche *(GRP® Mayenne profonde)* en montant par Bel-Air vers le signal de Villepail.

3 Laisser le GRP® descendre à droite et poursuivre en face. Couper une petite route pour cheminer en crête, en lisière des bois ou sous les ombrages.

4 Ne pas rater la bifurcation qui fait rapidement descendre vers la chapelle de la Séchetterie. À la route, aller à gauche sur quelques mètres, puis reprendre la descente à droite. À la chapelle, continuer en face.

5 S'avancer à droite dans un long chemin creux sous la corniche de Pail au-dessus des rus naissants. Au croisement, bifurquer à gauche vers Froc.

6 Environ 200 m avant les maisons, tourner à gauche sur un chemin entre deux champs. Il descend dans un vallon, puis débouche sur une petite route ; l'emprunter à droite sur 70 m, puis s'engager sur un chemin à gauche. Il conduit aux Loges. À gauche, rejoindre et traverser la D 536 pour gagner la Monnerie.

7 Juste avant les maisons, suivre le chemin à gauche. Rester sur la voie principale qui monte puis redescend pour rallier le Mesnil. Au goudron, partir à gauche, puis tourner à gauche vers un bâtiment agricole. Poursuivre par un chemin.

8 Environ 250 m après la maison des Landes, prendre un chemin à droite : il franchit un vallon, puis remonte à une route. Aller à droite, puis sur un large chemin à gauche. À la fourche, descendre à gauche, puis remonter en face jusqu'à Villepail.

S SITUATION
Villepail (53), à 1 km au sud de Pré-en-Pail par les D 20 et D 218

P PARKING
parking de l'Église

DÉNIVELÉE
altitude mini et maxi, dénivelée cumulée à la montée

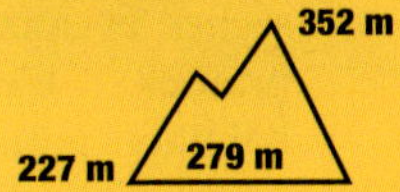

B BALISAGE
1 à **2** > jaune
2 à **3** > jaune-rouge
3 à **1** > jaune

! DIFFICULTÉS !
- chemins humides après **4**
- prudence ! chemins empruntés par les VTT et cavaliers

À DÉCOUVRIR...

> En chemin :
- signal de Villepail
- corniche de Pail
- landes

> Dans la région :
- Villepail : réserve naturelle régionale des Égoutelles,
- Chapelle de la Séchetterie
- mont des Avaloirs
- Averton : étangs des Perles
- Alpes Mancelles

FAUNE ET FLORE

LA CORNICHE DE PAIL

Entre forêts et bocage, la corniche de Pail s'est formée au nord-est de la Mayenne, il y a 540 millions d'années, sur des promontoires de grès armoricain, appelés aujourd'hui le massif des Coëvrons. Avec la forêt de Multonne limitrophe, le site représente un ensemble de 1 452 ha, classé Natura 2000.

Bois de feuillus et de résineux, landes sèches et humides, tourbières, mares, prairies… L'extrême diversité de ces habitats naturels est favorable aux populations d'amphibiens et d'oiseaux. Faisant office à la fois de zone d'hivernage ou de reproduction, la corniche de Pail représente l'un des axes migratoires les plus importants du département, grâce à son altitude plus élevée qu'ailleurs. Ainsi, plus de 120 espèces d'oiseaux ont pu y être observées. Parmi eux, citons le busard Saint-Martin, l'engoulevent d'Europe, la fauvette pitchou, la pie-grièche écorcheur, le pic noir ou encore l'alouette lulu. Protégés à l'échelle nationale, le triton crêté et le triton marbré – ce dernier reconnaissable à sa peau noire mouchetée de taches vertes –, ont élu domicile dans les mares du territoire.

Qu'elles soient humides, sèches ou tourbeuses, les landes sont en régression sur le site depuis le milieu du XXe siècle, et les paysages se reboisent. Celles-ci présentent une végétation de petits arbrisseaux où dominent les bruyères callunes et cendrées, les ajoncs, les myrtilles et les mousses.

Orchidée rarissime inféodée aux milieux humides, la minuscule malaxide des marais est désormais absente du site.

CORNICHE DE PAIL / PHOTO Benjamin Beaufils

ENVIRONNEMENT

LA LANDE ET SES RICHESSES

LANDE À BRUYÈRES / PHOTO Julien Crocis

Avec ses sols pauvres et acides, la lande constitue une mosaïque d'habitats naturels, dont l'intérêt pour le maintien de la biodiversité n'est plus à démontrer. Mais on oublie cependant qu'elle possède bien d'autres vertus, même si celles-ci appartiennent, pour beaucoup, au passé. Jadis, les paysans trouvaient dans cette végétation basse de quoi se soigner, équiper leurs maisons, nourrir leurs bêtes et protéger leurs plantations. Ainsi, la molinie, plante des landes humides, remplaçait la bourre de laine dans les matelas. Les rameaux de la bourdaine permettaient de confectionner des paniers, à l'instar des joncs. Si les genêts servaient à fabriquer des balais tout comme les bruyères et les branches de bouleau, l'ajonc composait un fourrage à l'usage du bétail, notamment des chevaux. La fougère aigle procurait la litière des animaux, à moins qu'elle ne fût utilisée au jardin pour apporter de l'ombre aux cultures. Sans parler des pierres qui formaient des soubassements précieux pour isoler les maisons, les écuries et les granges.

Si l'homme s'est détourné au fil du temps de ces différentes ressources, il a conservé néanmoins l'usage de la chasse. Cette activité régulièrement pratiquée sur la corniche de Pail, refuge des chevreuils, des sangliers et des lièvres, favorise l'entretien et la conservation des landes. Ainsi contribue-t-elle à préserver l'unité d'un paysage qui attire aujourd'hui nombre de randonneurs et de cyclistes.

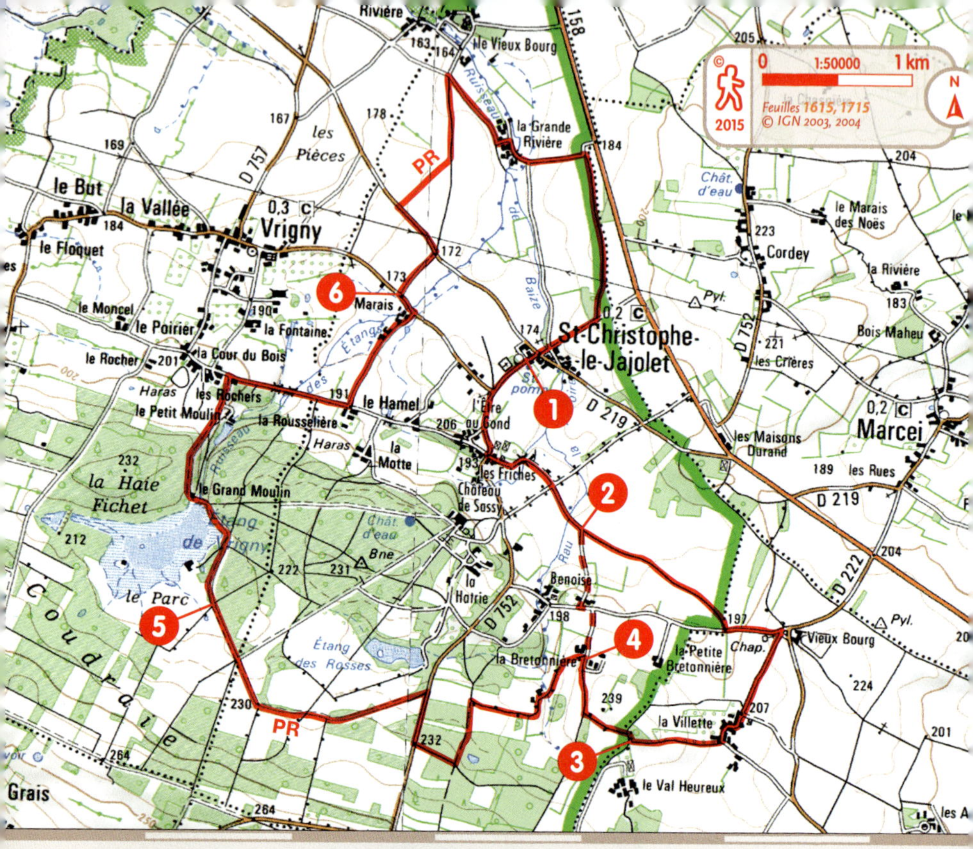

FAUNE ET FLORE

L'ÉTANG DE VRIGNY

Avec ses 45 ha, l'étang de Vrigny forme l'un des plus grands étangs de l'Orne, entre la plaine d'Argentan et la forêt d'Écouves. Le site occupe une cuvette ceinte de collines boisées et réunit trois plans d'eau : le petit étang du Moulin, l'étang du Moncel et le Grand Étang d'une superficie de 36 ha. Masqué par une ceinture d'arbres, le lieu isolé vaut pour sa richesse biologique et constitue une halte migratoire pour de nombreuses espèces d'oiseaux aquatiques, tels le plongeon catmarin ou le bihoreau gris. Signe de la qualité du milieu naturel, le brochet trouve ici son élément, tandis qu'une végétation typique des berges émergées colonise le pourtour de l'étang, dont la rare littorelle uniflore.

ÉTANG DE VRIGNY /
PHOTO Sébastien Millet/PNRNM

Sassy

PR® 20

DIFFICILE

5H • 17,8KM

Saint Christophe est le patron des automobilistes. Pour autant c'est probablement à pied que se découvre le mieux le château de Sassy (XVIIe) et la quiétude de l'étang de Vrigny, un des plus grands du département de l'Orne

1 De l'église *(statue de saint Christophe),* quitter le village par la route à droite, en passant à côté du cimetière. Aux friches, prendre la route de gauche au pied d'une maison. Après avoir laissé l'allée du château à droite, atteindre un virage à droite.

2 Suivre le chemin d'exploitation en face jusqu'à la D 745 *(char Keren à 150 m à droite par la D 745)* ; l'emprunter à gauche. À la chapelle, prendre la route la plus à droite. Traverser la Villette et, à l'Être Gondouin, quitter la route pour monter par le chemin à droite.

3 Aux carrefours de chemins, prendre deux fois à droite, puis suivre la route en face sur quelques mètres.

> Possibilité de regagner le départ en allant en face, à gauche, puis à droite.

4 Tourner à gauche et poursuivre sur le chemin. À l'embranchement, aller à gauche. Après le champ avec une piste équestre, prendre le deuxième chemin à droite. S'avancer sur la route à droite sur 400 m, puis s'engager sur le chemin d'exploitation de gauche. Ignorer deux allées à droite.

5 Rester sur le chemin principal qui continue en face. Il s'oriente à droite, puis à gauche pour passer sur la digue de l'étang de Vrigny. Poursuivre par la route. Au carrefour, se diriger à droite jusqu'à la Rousselière. Tourner alors à gauche puis encore à gauche à la D 754 *(prudence !).*

6 Après 150 m, face au bâtiment agricole, quitter la D 754 par un chemin d'exploitation à droite. Prendre à gauche sur la D 219 sur 380 m, puis bifurquer à droite sur un chemin d'exploitation. Au croisement, virer complètement à droite et traverser le hameau de la Grande Rivière en restant sur la route principale. Environ 100 m avant la D 158, utiliser à droite un chemin parallèle. À la route, prendre à droite, traverser la D 219 et regagner le départ *(prudence !).*

S SITUATION
Boischampré, Saint-Christophe-le-Jajolet (61), à 10 km au sud d'Argentan par les D 958 et D 752

P PARKING
place de l'Église

/ DÉNIVELÉE
altitude mini et maxi, dénivelée cumulée à la montée

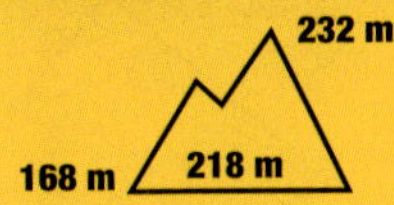

B BALISAGE
jaune

! DIFFICULTÉS !
vigilance lors des traversées de routes

À DÉCOUVRIR...

> En chemin :
- étang de Vrigny
- bosquet du 501ème, char
- chapelle

> Dans la région :
- château de Sassy
- Sées : cathédrale

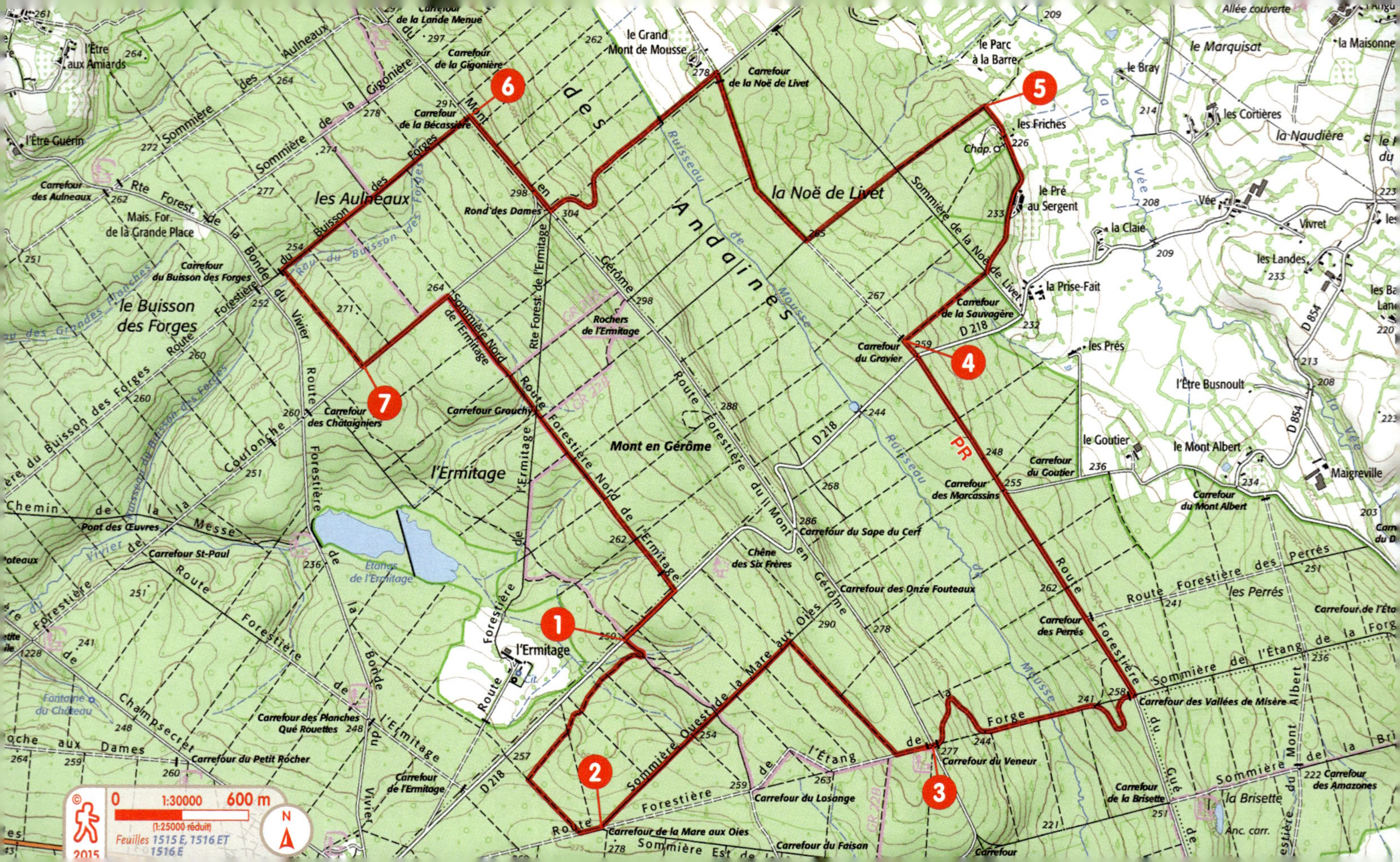

1
2
3
4
5
6
7
PR
Andaines
des
la Noë de Livet
Mont en Gérôme
l'Ermitage
les Aulneaux
le Buisson des Forges
Route Forestière Nord de l'Ermitage
Sommière Nord de l'Ermitage
Route Forestière du Mont en Gérôme
Sommière de la Noë de Livet
Sommière Ouest de la Mare aux Oies
Route Forestière de la Forge
Sommière de l'Étang de la Forge
Route Forestière de la Bonde du Vivier
Route Forestière des Perrés
Rte Forest. de l'Ermitage
Ruisseau de Mousse
Carrefour de la Noë de Livet
Carrefour de la Sauvagère
Carrefour du Gravier
Carrefour des Marcassins
Carrefour du Goutier
Carrefour du Mont Albert
Carrefour des Perrés
Carrefour des Vallées de Misère
Carrefour du Veneur
Carrefour du Losange
Carrefour du Faisan
Carrefour de la Mare aux Oies
Carrefour de la Brisette
Carrefour des Amazones
Carrefour du Sape du Cerf
Carrefour des Onze Fouteaux
Chêne des Six Frères
Carrefour Grouchy
Carrefour des Châtaigniers
Carrefour de la Bécassière
Carrefour de la Gigonière
Carrefour de la Lande Menue
Rond des Dames
Rochers de l'Ermitage
Carrefour du Buisson des Forges
Carrefour des Aulneaux
Mais. For. de la Grande Place
Carrefour St-Paul
Pont des Œuvres
Étang de l'Ermitage
Carrefour de l'Ermitage
Carrefour des Planches Qué Rouettes
Carrefour du Petit Rocher
Fontaine du Château
le Grand Mont de Mousse
le Parc à la Barre
les Friches
le Pré au Sergent
la Claie
la Prise-Fait
les Prés
l'Être Busnoult
le Goutier
le Mont Albert
Maigreville
Vée
Vivret
les Landes
le Bray
les Cortières
la Naudière
le Marquisat
la Maisonne
Allée couverte
l'Être aux Amiards
l'Être Guérin
la Brisette
Anc. carr.
D218
D854
GR 22B
0 1:30000 600 m
(1:25000 réduit)
Feuilles 1515 E, 1516 ET 1516 E
2015
N

L'Ermitage

C'est au XIIe siècle que le site de l'Ermitage fut défriché par les moines de Lonlay-l'Abbaye. Ce circuit permet d'embrasser tous les bois, des plus denses aux plus petits taillis de lisière en passant par des zones si claires qu'on les dirait entretenues.

CHÊNE / DESSIN P.R.

1 Suivre le chemin dans le prolongement du parking entre les parcelles 221 et 222. Franchir le ruisseau pour prendre à droite le premier chemin. Monter par un chemin moins marqué et parallèle à la route que l'on devine. Tourner à gauche à la ligne de parcelle (225-226). Emprunter à gauche sur 100 m la route forestière de l'Étang.

2 Descendre à gauche par la sommière ouest de la Mare aux Oies. Avant le raidillon, s'engager sur le chemin à droite, puis tourner à gauche sur la route forestière pour gagner le carrefour du Veneur.

3 En face, par la route forestière, franchir le vallon du ruisseau de la Mousse et remonter au carrefour des Vallées de Misère. Partir à gauche, sur la route forestière du Gué de Challandray. Passer le carrefour des Marcassins, puis traverser la D 218 au carrefour du Gravier. Continuer tout droit sur 80 m.

4 Descendre à droite entre les parcelles 147 et 148. Poursuivre en face par la route en lisière : dépasser quelques maisons, puis l'accès à gauche à la chapelle des Friches. À la fourche, rester sur le chemin du bas.

5 Dans le virage à droite, gravir le chemin de gauche. Bifurquer à droite sur la piste. Au carrefour de la Noé de Livet, s'avancer à gauche jusqu'au rond des Dames. Suivre la route à droite *(prudence !)*.

6 Au bout de la parcelle 260 (carrefour de la Bécassière), descendre par le chemin à gauche sur environ 1 km. Le chemin emprunte le GR® 22B sur 180 m environ. Descendre à gauche entre les parcelles 265 et 266, puis remonter.

7 Prendre la route à gauche, tourner à droite sur la sommière nord de l'Ermitage et aller tout droit jusqu'à la D 218. À droite, rejoindre le départ.

PR® 21

DIFFICILE

4H30 • 15,8KM

S SITUATION
forêt des Andaines (61), à 1 km à l'ouest de La Ferté-Macé par les D 908 et D 218

P PARKING
au bord du chemin de départ, entre les parcelles 221 et 222

/ DÉNIVELÉE
altitude mini et maxi, dénivelée cumulée à la montée

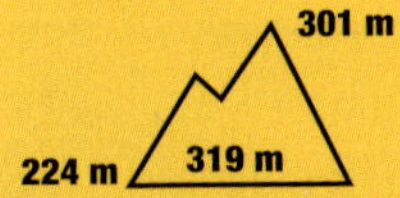

B BALISAGE
jaune

! DIFFICULTÉS !
- chemin peu marqué entre **1** et **2**
- montée raide après les Friches
- prudence sur la route forestière du Mont Gérome

À DÉCOUVRIR...

> En chemin :
- chapelle des Friches
- forêt des Andaines

> Dans la région :
- arboretum du carrefour de l'Étoile
- Bagnoles-de-l'Orne : station thermale
- La Ferté-Macé : base de Loisirs
- Juvigny-sous-Andaine : tour de Bonvouloir, site emblématique du Parc du Réseau Monts et Marches.

ÉCONOMIE

La gestion des espaces forestiers

Préserver la qualité environnementale et paysagère de la forêt, développer une économie locale autour de la filière bois et adapter la gestion forestière aux problématiques environnementales, tels sont les objectifs de la Charte forestière élaborée en 2007 par le Parc, en concertation avec les organismes publics.

Avec 47 000 ha de forêts représentant 20 % de sa superficie totale, le Parc constitue le territoire le plus boisé du Grand Ouest, loin devant les 10 % de la Basse-Normandie et du Pays de la Loire. Les deux tiers de cette forêt mi-publique, mi-privée bénéficient d'une certification PEFC (Programme for the Endorsement of Forest Certification), garantissant que le bois commercialisé satisfait aux critères de gestion durable. Cette performance est particulièrement enviable sachant que seul un tiers des forêts françaises bénéficie d'un tel label.

Véritables richesses économiques, 180 000 m^3 de bois sont récoltés annuellement au sein du Parc. Leurs usages multiples – bois d'œuvre, transformation industrielle et source d'énergie – expliquent la présence sur place de quelque 86 établissements, dont des exploitations forestières, des scieries et des entreprises spécialisées.

ÉCONOMIE FORESTIÈRE / PHOTO PNRNM

FAUNE ET FLORE

Les principales essences du Parc

Selon l'expression consacrée, le chêne est assurément le roi des forêts au sein du Parc naturel régional Normandie-Maine. Qu'il soit pédonculé ou sessile, cet arbre majestueux, symbole de longévité, continue à constituer l'espèce dominante du site. Il y est souvent associé au hêtre, pour former d'épaisses futaies, à moins qu'il ne se joigne au bouleau, à l'érable ou encore au frêne ou à l'aulne glutineux, à proximité des cours d'eau.

Face aux feuillus couvrant 49 % de la forêt, les résineux occupent 39 % de la surface, tandis que des peuplements mixtes colonisent le terrain en fonction des degrés d'humidité et d'acidité des sols.

Premier résineux introduit en Normandie, dès 1850, en vue de reboiser les parcelles abîmées, le pin sylvestre affirme ici sa présence aux côtés du douglas, de l'épicéa commun et du sapin pectiné.

Plus tendres que le chêne, qui constitue le matériau le plus récolté du Parc pour le bois d'œuvre servant notamment aux charpentes, aux meubles et aux parquets, ces essences sont recherchées dans la menuiserie et dans le secteur de l'emballage.

FAUNE ET FLORE

LE CERF, EMBLÈME DU PARC

Pour qui veut entendre le fameux brame du cerf, rendez-vous en forêt fin septembre-début octobre, à la tombée de la nuit ! C'est en effet au moment du rut que les cervidés font résonner leurs cris rauques au cœur de la forêt afin de s'imposer au sein des hardes de biches et d'éloigner leurs rivaux. Les faons nés en mai seront protégés par leur mère pendant un an, jusqu'à leur indépendance. Leurs bois commencent à pousser vers neuf mois et tombent à chaque printemps pour se reconstituer durant l'été. Le reste de l'année, mâles et femelles accompagnées de leurs petits vivent séparément, en clans, sous l'autorité d'un dominant.

Attaché à la zone forestière où il a élu domicile, cet animal grégaire est l'emblème du Parc.

LE BRAME DU CERF / © PHOTO Eric Médard www.ericmedard.com

Bagnoles-de-l'Orne
Couterne
le Vieux Moulin
Carrefour de Couterne
Hêtre de la Vierge
Mille Mottes
Centre commercial
Étabt therm.
Pylones
Chât.
Temple
les Verts Prés
la Gâtinière
la Chailloire
la Guéronnière
la Thérouzière
la Landelle
Aérodrome
les Buards
la Vallée
la Dieuloire
la Hubaudière
le Gourbi
la Frogerie
les Perriers
la Balère
l'Érable
la Girardière
la Bigottière
la Huberderie
la Morinière
le Clos
la Glacière
Château de Couterne
le Moulin de Tessé
le Buisson
la Grillonnière
Launay
Monsoret
la Foutelaie
Traversin
le Moulin du Fay
le Grand Fay
la Davière
le Margat
Guéras
le Tarreau
le Vieil Hêtre
le Bois de Tessé
la Béchardière
la Gréherie
les Noë
la Chauvière
le Petit Fay
le Bas Lignou
Déchèt.
les Gardes
Lignou
la Pilonais
le Riderais
Chât. d'eau
le Fresne
les Ferteries
la Gourdinais
la Mourollière
la Nerrerie
le Val
le Gros Chêne
Guiban
l'Aumonde
le Val Fleuri
la Soucherie
la Reinière
le Foulleray
la Jarias
les Vaux
les Brosses
la Basse Reinière
Usine
Beau Soleil
la Gare
l'Herbage
Anc. minoterie
la Bouderie
D 916
D 335
D 850
D 887
D 849
D 888
PR
GRP
1
2
3
4
5
6
0
1:25000
500 m
N
2015
Feuilles 1516 E, 1516 ET
© IGN 2004, 2008

Le **sentier** des **Templiers**

PR® 22

MOYEN

3H30 • 12KM

Des hameaux de Couterne, où les maisons basses côtoient de petits potagers, puis des immenses champs, on peut voir surgir au loin la belle chapelle de Lignou.

1 Du bout de la place de l'Église, rejoindre à droite et traverser la D 976 *(prudence !)*. Prendre à gauche de la D 916 vers La Ferté, la rue Saint-Pierre. Poursuivre tout droit sur un chemin, couper une petite route puis la D 916 au Gros Chêne. Continuer sur la C 1 pour gagner Lignou et sa chapelle.

2 Filer en face sur la D 850 *(GRP® Un pays de bocage jusqu'à l'aérodrome)*. Au calvaire, rester sur la gauche, puis prendre un chemin d'exploitation sur la droite lorsque la route tourne à gauche.

3 Laisser les maisons à gauche en continuant tout droit sur le chemin. Au monument, remonter le vallon, puis prendre la route toujours dans le prolongement. Passer la Huberderie, puis au niveau d'une maison, obliquer légèrement à gauche sur un chemin herbeux ; il débouche au bout de l'aérodrome.

4 Aller alors à droite puis en face au carrefour. La piste principale vire à gauche, puis à droite. S'engager à gauche sur un chemin qui descend le long du centre commercial. Traverser la D 916 *(prudence !)* et continuer tout droit par la route puis un chemin. Au bout, suivre la route à gauche. Passer ainsi devant le château de Couterne.

5 Juste après la route du moulin du Fay, s'engager sur un chemin à gauche. Traverser à nouveau la D 916 et rejoindre en face un carrefour de l'aller.

3 À droite, par le chemin déjà parcouru en sens inverse, regagner Lignou.

2 Tourner à gauche, puis à droite le long du cimetière (GRP®). Continuer à gauche, dos au cimetière, puis s'engager sur la route à droite après le château d'eau. Dans le virage à gauche, suivre le chemin en face. Aller à gauche puis à droite aux carrefours.

6 Juste avant les maisons des Vaux, prendre le chemin de droite. Sur la route et en gardant la direction, traverser le hameau de la Jarias. Poursuivre par un chemin. Après le petit vallon, se diriger à gauche vers le bourg, puis longer la D 976 sur la droite jusqu'au départ.

S SITUATION
Couterne (61), à 11 km au sud de la Ferté-Macé par la D 916

P PARKING
place de l'Église

/ DÉNIVELÉE
altitude mini et maxi, dénivelée cumulée à la montée

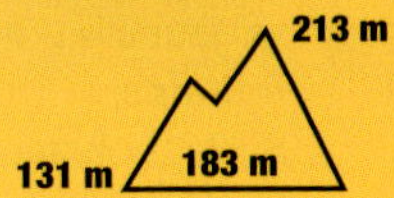

B BALISAGE
jaune

! DIFFICULTÉS !
- chemins humides après épisode pluvieux
- prudence lors de la traversée des routes

À DÉCOUVRIR...

> En chemin :
- Lignou
- château de Couterne

> Dans la région :
- Bagnoles-de-l'Orne : station thermale
- écomusée de Madré
- Lassay-les-Châteaux

PATRIMOINE

BAGNOLES-DE-L'ORNE, UNE VILLE D'EAUX

À la lisière de la forêt des Andaines, au creux des gorges de la Vée, Bagnoles-de-l'Orne est une célèbre station thermale spécialisée dans le traitement des maladies veineuses.

Les légendes ne manquent pas pour relater la découverte de la source et de ses bienfaits. On raconte ainsi que le vieux cheval Rapide, abandonné par son maître dans la forêt, aurait retrouvé sa jeunesse, après s'être rafraîchi à la fontaine.

Si la construction aux XIVe et XVIIe siècles, dans le voisinage de la source, de deux chapelles dédiées à des saints guérisseurs témoigne de l'intérêt pour ces eaux, le premier établissement thermal voit le jour en 1691. Il comprend deux bassins séparés pour les hommes et les femmes, ainsi qu'un troisième pour les pauvres.

Mais la station trouve véritablement son public à partir du XIXe siècle lorsque des études scientifiques viennent confirmer les vertus curatives du lieu. Bagnoles se dote alors d'une gare, d'un casino et d'hôtels de voyageurs. Le quartier Belle Époque et ses imposantes villas, dont l'architecture rappelle celle des villégiatures de la Côte normande, sortent de terre dès 1886. Quant au Grand Hôtel bordant le lac et au Grand Hôtel des Thermes, ils sont érigés respectivement en 1898 et 1907. Au début du XXe siècle, têtes couronnées et hommes politiques honoreront l'établissement de leur présence.

Aujourd'hui, Bagnoles-de-l'Orne attire plus de 11 000 curistes par an, venus chercher le calme et le bien-être dans la seule station thermale du nord-ouest de la France.

BAGNOLES-DE-L'ORNE / PHOTO PNRNM

FAUNE ET FLORE

LE BUSARD SAINT-MARTIN

BUSARD SAINT-MARTIN / DESSIN P.R.

Espèce emblématique du mont des Avaloirs, le busard Saint-Martin est un oiseau sédentaire qui apprécie une grande variété de milieux, tels les landes, les prairies et les champs cultivés. C'est au cœur de cette végétation basse qu'il déniche sa nourriture de prédilection : petits mammifères tels les campagnols, mais aussi grenouilles et insectes. Qualifié de prédateur opportuniste, le busard chasse de façon isolée durant la journée, en volant à très basse altitude. Le soir, il rejoint ses congénères dans des dortoirs collectifs qui rassemblent des dizaines d'individus.

Ce rapace d'environ 47 cm se distingue par son dessus gris, sa tête gris bleuté, son large croupion blanc et ses ailes à l'extrémité noire. Son envergure atteint 1,10 m environ. Le plumage de la femelle, plus grande, est brun foncé, avec un dessous jaune, rayé de marron. D'ordinaire silencieux, le busard Saint-Martin se manifeste en période de reproduction, lors des parades nuptiales aériennes, et émet un cri haut perché. Vers la fin avril, la femelle construit son nid sommairement au sol, où elle dépose 4 à 6 œufs. L'émancipation des jeunes a lieu entre juillet et août.

En France, l'espèce souffre de la disparition de son habitat naturel, liée à l'abandon des pratiques de fauche et de pâturage. Néanmoins, la Mayenne affiche, sur le site de la corniche de Pail et de la forêt de Multonne, ses principaux sites de reproduction et des dortoirs hivernaux. Ainsi y dénombre-t-on entre 2 et 3 couples reproducteurs depuis 2010.

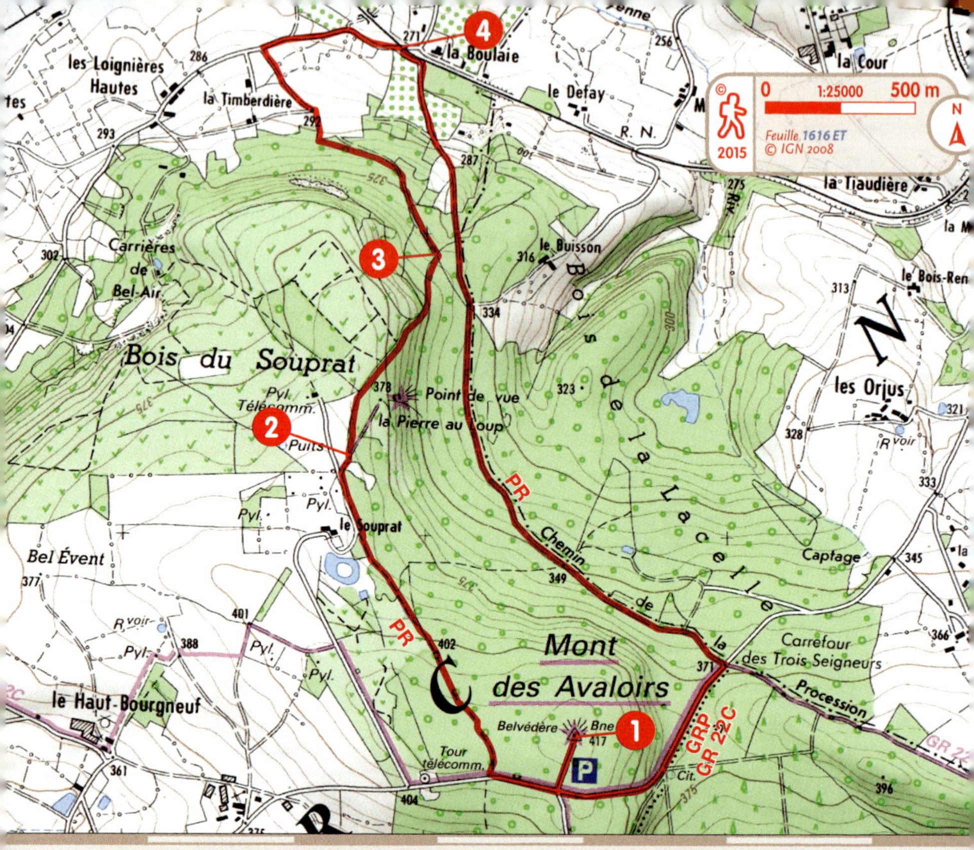

ENVIRONNEMENT

Le mont des Avaloirs

D'abord il faut rejoindre son belvédère dressé à 18 m de haut dans la commune de Pré-en-Pail, puis gravir une centaine de marches. Au sommet, une récompense attend le visiteur, celle de se laisser étourdir par le panorama à 360° qu'offre le mont des Avaloirs sur le paysage environnant. Tutoyant les nuages, le sommet est perché à 416 m d'altitude et constitue le point culminant de l'ouest de la France. De là se dessinent le massif Armoricain, la forêt de Perseigne, les Alpes mancelles, le Bassin parisien, la campagne d'Alençon… Bref, un univers de landes, de bois et de bocage, dont le voisinage attire, en outre, les chevêches d'Athéna, les linottes mélodieuses et les busards saint-martin.

Belvédère des Avaloirs / PHOTO Sébastien Millet/PNRNM

Le **mont** des **Avaloirs**

PR® 23

FACILE

2H30 • 7,3KM

Cet itinéraire vous invite au sommet de l'ouest de la France. Du mont des Avaloirs aux landes du Souprat, suivez cette ligne de crête en compagnie du busard Saint-Martin qui vous invite dans son dortoir.

1 Dos au belvédère, tourner à droite à la sortie du parking. Après 300 m, au panneau « la Pierre au Loup », s'engager à droite sur un sentier forestier. Au goudron, aller à droite sur 200 m environ, puis encore à droite sur quelques mètres.

2 Ne pas continuer tout droit vers la Pierre au Loup *(propriété privée)*. Serrer à gauche pour emprunter un ancien sentier d'exploitation en lisière des landes du Souprat. Descendre jusqu'à un carrefour de trois sentiers.

3 Poursuivre la descente à gauche par un chemin creux qui s'arrête à la lisière de la forêt. Traverser le champ et s'engager dans le sentier en face. Aller tout droit jusqu'à la voie communale ; l'emprunter à droite sur la berme et parvenir à un passage à niveau.

4 Ne pas franchir la voie, mais tourner à droite : monter d'abord sur une partie goudronnée, puis sur un chemin empierré, ancien chemin dit de la « Procession », dans le bois de la Lacelle. Après 2 km, au carrefour des Trois Seigneurs, remonter par la route à droite pour revenir au point de départ.

LANDES DU SOUPRAT / PHOTO Sébastien Millet/PNRNM

S SITUATION
mont des Avaloirs (61), à 20 km à l'ouest d'Alençon par les N 12, D 536 à Lentillère, puis route du Belvédère à droite

P PARKING
parking du Belvédère

DÉNIVELÉE
altitude mini et maxi, dénivelée cumulée à la montée

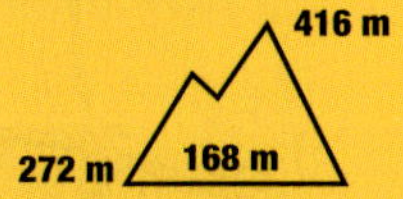

B BALISAGE
jaune

! DIFFICULTÉS !
respecter la quiétude de la faune sauvage

À DÉCOUVRIR...

> En chemin :
- belvédère des Avaloirs
- landes du Souprat

> Dans la région :
- Alpes mancelles
- Carrouges : Maison du Parc
- Ravigny : chemin pédagogique « les Quatre saisons des Cinq sens »

Radon
l'Hermitage
Nécropole des Gateys
Carrefour Chesnel
Carrefour de Marles
les Petits Bois
Mon Forest. de Fontaine Maçonnée
Mon Forest. de Radon
Chemin de la Messe
Route Forestière de la Taverne
PR
1
2
3
4
5
la Hutterie
la Pesantière
le Logis de Goincière
Avoise
le Marais
les Noyers
la Tremblaie
le Pley
la Nélière
Haras
du Froust
Clerchênai
les Ragottières
GR 22
Anc. Chap.
le Poirier Jouanne
Grand Champ
les Burlins
D 532
D 502
D 26
D 1
R.N.
Briante Fme
Haras
les Loges
les Landes
Poteau Bne
les Vallonneaux
St. Pomp.
le Pont Roulard
la Massinière
la Bindelière
la Sagerie
la Touchardière
Chemoitou
la Gatellerie
Poignerie
Maure
Vieux-Pont
les Vignes
Colombiers
le Petit-Maure
la Serrurerie
Étang des Foidras
Clos de Forges
les Longs
la Guérivière
le Gué de Maure
la Dormie
le Coudray
la Remonderie
École de Dressage
Chemin du Mont-St-Michel
la Croix Hutin
le Grand Chemin
la Gravelle
le Bois Beulant (Haras)
Thiville
Sarceaux
Entrep.
la Chauminette
Haras du Champ Gallet
C. Équestre
Poney-Club
Montgault
la Hantelle
Elev. Pisc.
Bourdon
la Métairie
Beaubourdel
les Terres Noires
Chât. d'Eau
0
1:30000
600 m
(1:25000 réduit)
2015
Feuille 1616 ET
© IGN 2008

Entre **Alençon** et **Écouves**

PR® 24

MOYEN

4H • 14,7KM

De la forêt à la ville, ce parcours dévoile les différents univers qui cohabitent entre la lisière de la forêt, le bocage, les terres agricoles et une des villes touristiques de la région, Alençon.

1 Prendre vers l'ouest le chemin qui s'enfonce dans la forêt. Au carrefour Chesnel, tourner à gauche, et après 700 m, se diriger à droite puis descendre à gauche. Au sortir du bois, prendre encore à gauche, puis continuer le long de la lisère en serrant à gauche.

2 Partir à droite sur le chemin carrossable. Juste avant la route, s'engager à gauche, passer devant le camping et aller jusqu'au parking de l'auberge. Traverser la route *(prudence !)* pour prendre le chemin herbeux en face. Tourner sur le premier chemin à gauche *(GR® 22 Chemin du Mont-Saint-Michel).* Couper la D 1 et aller en face. Atteindre un carrefour.

3 Tourner sur le chemin agricole à droite. À la route, prendre à gauche, puis à droite au croisement en T. Dépasser l'accès à la propriété du Vieux Pont. Dans le virage à droite, s'avancer sur le chemin herbeux à gauche. Il débouche sur une petite route. Se diriger en face vers les maisons du Gué du Maure ; les laisser sur la gauche pour filer tout droit sur un chemin. Dépasser une habitation et retrouver une petite route plus loin.

4 Continuer en face (le GR® part à droite), passer devant le haras. Longer la D 26 à droite *(prudence !)* sur 80 m, puis emprunter un chemin à gauche. Au bout, tourner à gauche, puis encore à gauche face à l'entrée du centre électrique *(pylône)* pour se diriger vers le nord par un chemin. À la Croix Hutin, poursuivre en face, ainsi qu'à la route suivante vers la Tourchardière. Poursuivre au-delà du hameau jusqu'à la route à la Massinière.

5 Suivre la petite route à droite, puis la D 502 à droite sur quelques mètres. Tourner dans la première rue à gauche, chemin des Haies. À la patte d'oie, serrer à droite, chemin des Rimberts. Traverser la D 1, poursuivre chemin de la Forêt et prendre le chemin à gauche à l'entrée du bois.

HÉRISSON / DESSIN P.R.

S SITUATION
Radon (61), à 11 km au nord d'Alençon, par les D 436 et D 1

P PARKING
forêt d'Écouves, carrefour des Marles, ouest de Radon

/ DÉNIVELÉE
altitude mini et maxi, dénivelée cumulée à la montée

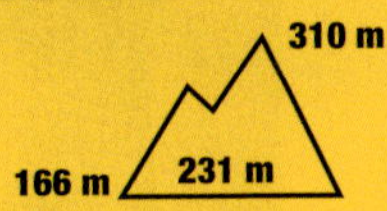

B BALISAGE
jaune

! DIFFICULTÉS !
- chemins humides après épisode pluvieux
- prudence lors des traversées de routes

À DÉCOUVRIR...

> En chemin :
- plaine d'Alençon
- forêt d'Écouves

> Dans la région :
- Alençon : cité des Ducs, musée de la Dentelle
- forêt d'Écouves

LE CHÂTEAU D'ALENÇON / PHOTO PNRNM

HISTOIRE

ALENÇON, LA ROYALE

Alençon demeura un simple bourg fortifié durant des années. Rattachée au duché de Normandie au XIe siècle, la ville était défendue par un château, dont la fondation remonterait aux seigneurs de Bellême. Sa position de pivot entre la Normandie, Blois, l'Anjou et la Bretagne en fit un enjeu stratégique et militaire, les Normands souhaitant y affermir leur autorité et contrôler les voies d'accès. Après Guillaume le Conquérant, le château fut modernisé au XIIe siècle par Henri 1er Beauclerc et défendit alors la frontière sud du duché.

En 1221, les derniers comtes d'Alençon cédèrent la ville, faute d'héritiers, au roi Philippe Auguste. Puis le comté d'Alençon fut donné, en 1268 à titre d'apanage, par saint Louis à son cinquième fils Pierre. Alençon se transforma en riche résidence princière, avant d'être érigée en duché par le roi Charles VI, en 1415.

Au début du XVIe siècle, Marguerite d'Angoulême, sœur de François 1er, épousa le duc d'Alençon. Celle que l'on appelait la « dixième des muses » du fait de ses nombreux écrits tenait résidence au château, où elle y accueillait les grands esprits de la Réforme. À sa mort, en 1549, le duché fut définitivement rattaché au domaine royal.

La ville d'Alençon connut un nouvel essor, en 1665, grâce à Colbert qui créa une manufacture royale consacrée à la dentelle à l'aiguille. Ainsi contribua-t-il à asseoir, au-delà des frontières normandes, la prospérité d'une ville qui peut s'enorgueillir d'avoir récemment inscrit son « savoir-faire de la dentelle au point d'Alençon » au patrimoine immatériel de l'humanité.

ENVIRONNEMENT

LA FOSSE-ARTHOUR OU LA MONTAGNE NORMANDE

Dans cette vallée de la Sonce, à quelques kilomètres de Saint-Georges-de-Rouelley, la vision d'une barre rocheuse flanquée d'un chaos de pierres éboulées paraît surprenante.

Résultat de 480 millions d'années de bouleversements géologiques, la Fosse-Arthour forme une gorge étroite et profonde d'environ 70 m, creusée par la rivière à travers les contreforts de grès armoricain, datant de l'ère primaire.

Au-delà d'un climat avec des écarts de température, le caractère « montagnard » s'affirme sur la face nord et ombrée de la gorge avec une végétation spécifique : des fougères à affinité montagnarde, des sphaignes de tourbières, des hêtres, des lichens et, bien sûr, la cascade de la Sonce, aux eaux fraîches, peuplées de lamproies, de chabots, de truites et de libellules.

LA GRANDE BARRE / PHOTO PNRNM

Face sud, la cluse affiche son caractère chaud et sec ; sur les pierriers, mousses et lichens s'adaptent. Sur la pente sud, le genévrier prend pied.

Longtemps, les landes ont été utilisées au quotidien par les locaux (coupes de bois pour la boulangerie, fougères pour la litière, bruyères pour les balais). L'abandon de ces activités depuis les années 1950 a favorisé la repousse des arbres. Aujourd'hui, les gestionnaires mènent une reconquête de ces landes rares en Europe en limitant les fougères, l'ajonc à balais et les bouleaux pour favoriser les bruyères cendrées, les callunes et l'ajonc nain.

Le site, réputé dès le XIXe siècle pour son panorama saisissant sur la haute vallée de la Sélune, attire de nos jours randonneurs et amateurs d'escalade.

LES EAUX VIVES DE LA SONCE / PHOTO Julien Crocis

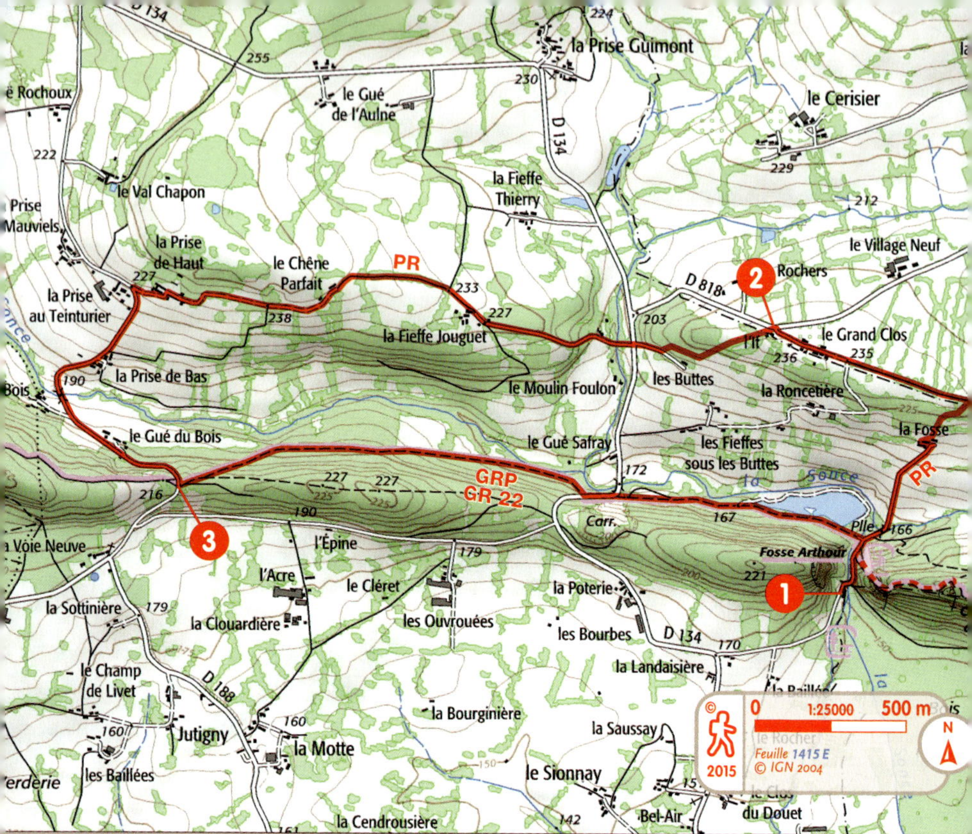

La légende du roi Arthur

La Fosse Arthour / photo PNRNM

Site grandiose, la Fosse-Arthour a donné lieu à bien des légendes. C'est ici, dans cette gorge où tourbillonnent les eaux de la Sonce, que le roi Arthur aurait fini ses jours. Chef celte d'un clan au pays de Galles, au VIe siècle, à l'origine des romans des chevaliers de la Table ronde, il aurait été précipité dans un gouffre, alors qu'il tentait de rejoindre son épouse Guenièvre, établie sur l'autre rive. Celle-ci, désespérée, s'y serait jetée à son tour.

Si la présence de ce roi mythique est ici revendiquée, celle de Merlin l'Enchanteur, conseiller d'Arthur, l'est aussi : on raconte ainsi qu'il aurait subi les sortilèges de la fée Viviane qui l'aurait emprisonné à jamais sous la roche…

La Fosse Arthour

PR® 25

FACILE

2H20 • 7KM

Pour avoir voulu enfreindre l'ordre du génie du vallon, Arthur, le roi légendaire, disparut dans une fosse. Son épouse, désespérée, s'y précipita également. Ne ratez pas la découverte de cette gorge qui offre un vaste panorama.

LICHENS / DESSIN P.R.

1 De l'auberge, franchir la Sonce et, suivre la route signalée « voie sans issue » qui passe entre le cours d'eau et la falaise, puis remonte jusqu'à la Fosse. Au hameau, prendre un chemin à gauche, puis en haut, à gauche, une large allée, pour atteindre la D 134.

2 Au pied de l'if, emprunter à gauche le chemin descendant aux Buttes. Traverser la route en direction du Moulin-Foulon et poursuivre. Au hameau de la Fieffe-Jouguet, suivre le chemin de terre gagnant une route au lieu-dit la Prise-de-Haut. La prendre à gauche : elle franchit le vallon de la Sonce passant successivement à la Prise-de-Bas, puis au Gué-du-Bois.

3 Au sommet de la côte, aller à gauche (GR® 22) et suivre le chemin descendant à travers bois et longeant le coteau. Poursuivre sur la D 134 à gauche. Près de la carrière, s'engager sur le chemin en lisière jusqu'au site de la Fosse Arthour en longeant le plan d'eau.

> Possibilité de monter au calvaire du Roc *(panorama sur la vallée de la Sélune)* en continuant sur le GR® 22.

S SITUATION
Saint-Georges-de-Rouelley, à 35 km au sud de Vire par les D 524, D 23, D 36 et D 134

P PARKING
auberge de la Fosse-Arthour, au nord du village par la D 134

/ DÉNIVELÉE
altitude mini et maxi, dénivelée cumulée à la montée

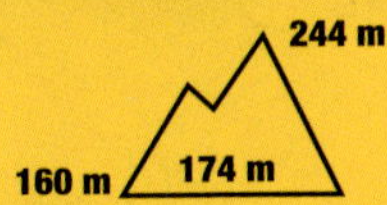

B BALISAGE
jaune

À DÉCOUVRIR...

> En chemin :
- if multiséculaire (4,40 m de circonférence)
- site de la Fosse-Arthour

> Dans la région :
- Ger : musée régional de la Poterie
- Barenton : musée de la Pomme et de la Poire
- Lonlay-l'Abbaye : abbaye, biscuiterie

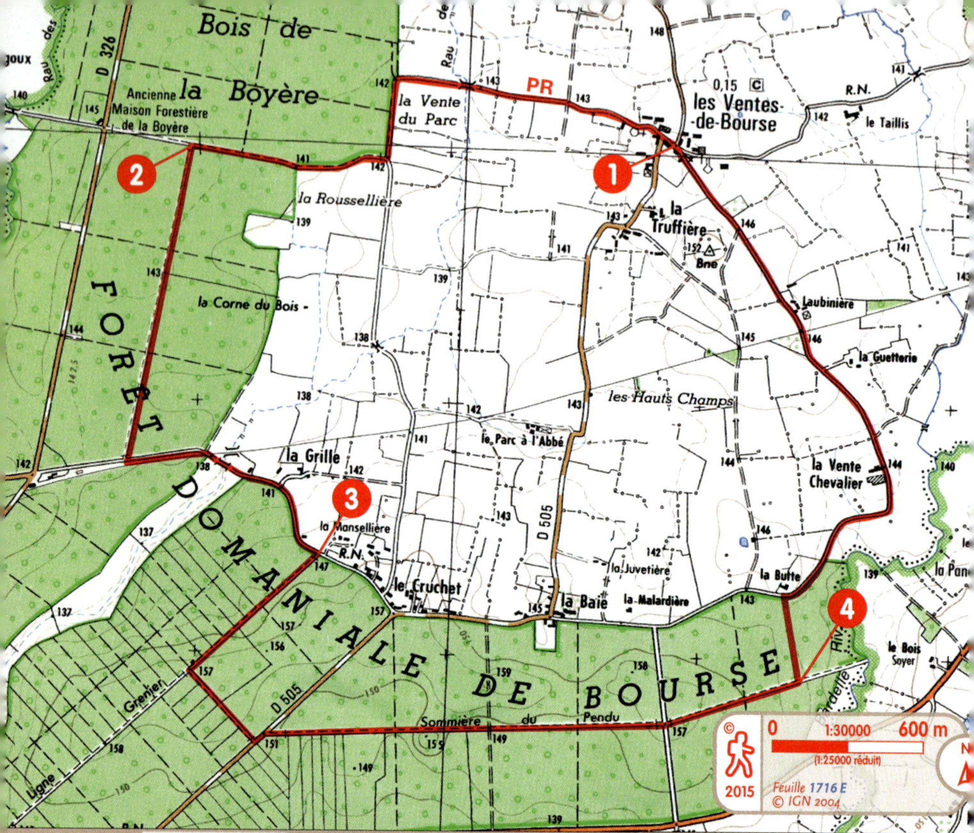

FAUNE ET FLORE

Les chiroptères

Victimes de préjugés encore tenaces, les chiroptères sont des mammifères volants, plus communément appelés chauve-souris. Ces adeptes de vols acrobatiques disposent d'un sonar perfectionné qui leur permet de repérer leurs proies – insectes et invertébrés – en pleine obscurité. Leurs ailes sont formées d'une membrane de peau souple, reliant doigts et membres.
Les chauves-souris chassent la nuit et se terrent en journée dans les trous d'arbres, les greniers ou les combles. L'hiver, elles entrent en hibernation et se réveillent aux beaux jours.

Ces animaux en déclin dans toute l'Europe sont aujourd'hui protégés. Depuis 2006, le Parc mène des actions en faveur du maintien de cette espèce fragile.

Chauve-souris (noctule commune) / Dessin P.R.

Le **circuit** de la **forêt** de **Bourse**

PR® 26

MOYEN

3H • 10,5KM

Les Ventes-de-Bourse est une commune dont l'origine du nom remonte au XIIIe siècle lors du défrichement d'une partie de la forêt par les moines de Perseigne. Cette forêt royale est par la suite devenue forêt domaniale en 1868.

1 Se diriger vers l'église, puis poursuivre vers la forêt. En lisière, la route forestière tourne à gauche, puis atteint une fourche. Pénétrer à droite dans le sous-bois.

2 Tourner à gauche sur la route forestière des Alisiers. À la route, s'engager à gauche, traverser la Voie verte et le ruisseau de Paillerotte, passer le hameau de la Grille et gagner celui de la Mansellière.

3 Prendre à droite la ligne forestière Grenier sur 700 m, puis à gauche une large allée jusqu'à la D 505. S'avancer à gauche, puis immédiatement à droite par la sommière du Pendu. Traverser la route forestière et poursuivre.

4 Prendre à gauche une allée forestière pour sortir du massif. En lisière, cheminer à droite sur la route forestière de la Planche à l'Ermite. Elle traverse la Voie verte avant de regagner le village.

S SITUATION
Les Ventes-de-Bourse (61), 9 km à l'ouest du Mêle-sur-Sarthe par les D 42 et D 505

P PARKING
centre du village

/ DÉNIVELÉE
altitude mini et maxi, dénivelée cumulée à la montée

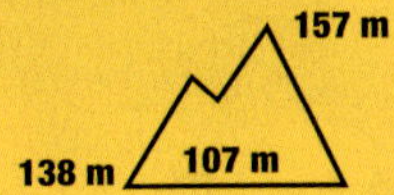

B BALISAGE
jaune

MARE DE LAFORÊT DE BOURSE / PNRNM

À DÉCOUVRIR...

> En chemin :
- forêt domaniale de Bourse
- plaine d'Alençon

> Dans la région :
- Le Mêle-sur-Sarthe : plan d'eau
- Alençon : cité des Ducs
- belvédère de la forêt domaniale de Perseigne, site emblématique du Parc du réseau Monts et Marches.

0 1:25000 500 m
2015
Feuilles 1716 E, 1717 OT
© IGN 2004, 2005
la Louvière
Mais. forest.
PR
le Puits de la Roche
Haute Pierre
Tranchée de Haute Pierre
Rond de la Marette
Route Forestière d'Ailières
Bruyère Louis
D 234
GIONAL
NE
PERSEIGNE
Tranchée du Faite
Ru Pierru
Carrefour des Moussières
Vallée d'Enfer
GR 22
Carrefour de Croix Gravelle
Bernard
Ligne du Clocher de Perseigne
Route Forestière
Route Forestière de la Vallée Létrie
Route Forestière du Gros Houx
le Champ de Tir
Tranchée des Fous
Tranchée de la
Route Forestière des
Carrefour des Trois Ponts
le Grand Étang
Sce capt.
Nardos
Perseigne
Chap.
Anc. abbaye
la Petite Fontaine
la Fontaine
la Grande Vente
Ricouillet
1
2
3
4
5
6

La forêt de Perseigne

Au cœur du massif, sur le versant le moins abrupt de la forêt, ce parcours propose une randonnée autour de la vallée de l'Enfer, qui pourtant se distingue par sa longueur et son caractère engorgé.

LUCANE CERF-VOLANT / DESSIN P.R.

1 Dos à l'entrée du site du Belvédère, descendre la route sur quelques mètres. Emprunter à droite un chemin forestier sur 100 m, puis s'engager à gauche sur un chemin moins marqué. Au bout, prendre à gauche puis encore à gauche à la patte d'oie.

2 À la séparation de plusieurs itinéraires balisés, continuer en face, puis descendre à droite vers la route ; la longer vers la gauche sur quelques dizaines de mètres avant de suivre le chemin de gauche jusqu'à un croisement. Prendre immédiatement à gauche la ligne forestière, puis encore à gauche pour remonter la tranchée du Clocher.

3 En haut, au rond de la Marette, tourner à droite sur la ligne du Faîte, puis bifurquer sur une piste à gauche en face de la limite de parcelles 52 et 53. Le chemin descend, puis ondule dans le fond d'un vallon sur environ 2,5 km pour aboutir sur la route forestière du Gros Houx ; l'emprunter à gauche jusqu'au large carrefour des Trois Ponts.

4 En face, traverser la route et le ruisseau, et monter par un sentier (GR® 22). À la maison forestière, quitter le GR® en prenant le chemin d'exploitation à droite. Il débouche sur une route.

5 Tourner à gauche, puis prendre encore à gauche la route forestière de la Vallée Létrie. Laisser sur la droite un petit étang.

6 Monter à droite par la tranchée des Fous Bernard entre les parcelles 256 et 262. Au carrefour de Croix Gravelle, descendre à gauche, puis remonter un petit vallon sur la droite (GR® 22). Tourner à droite, puis à gauche pour rejoindre le départ.

PR® 27

MOYEN

4H • 13,5KM

S SITUATION
belvédère de Perseigne, à 20 km à l'est d'Alençon par les D 311, D 236 et D 234

P PARKING
belvédère de Perseigne

/ DÉNIVELÉE
altitude mini et maxi, dénivelée cumulée à la montée

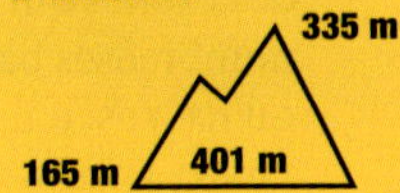

B BALISAGE
jaune

! DIFFICULTÉS !
prudence sur la D 2

À DÉCOUVRIR...

> En chemin :
- belvédère de Perseigne
- parcours d'interprétation de Perseigne - sites emblématiques du Parc « Mont et Marches »

> Dans la région :
- ancienne abbaye de Perseigne
- Saint-Rémy-du-Val : ruines et motte féodale

GÉOGRAPHIE

LES MARCHES HISTORIQUES DE NORMANDIE-MAINE

Le Parc Normandie-Maine se caractérise par un relief vigoureux, vestige du massif Armoricain, de Perseigne à Mortain. Entrecoupés de forêts, d'escarpements rocheux, de cascades et de vallées humides, ces « Monts » en charpentent le territoire et forment une défense naturelle. À travers la forte identité qu'offre une géographie si singulière, il faut se rappeler que certains de ces sites ont servi de frontière au fil de nombreuses batailles et conquêtes, alors qu'ils suscitaient les ambitions angevines, normandes, bretonnes et celles du royaume de France. Ainsi, le Parc garde-t-il les traces de ces « Marches » historiques, marquées par la présence de places fortes stratégiques (Mortain, Domfront, Lassay-les-Châteaux…).

BELVÉDÈRE DE PERSEIGNE / PHOTO PNRNM

HISTOIRE

LE FOSSÉ-ROBERT

VALLÉE DE L'ENFER / PHOTO Cyrille Delattre

Dans cette ancienne région tampon entre Normandie et Maine que formait le Saosnois au Moyen Âge, Saint-Rémy-du-Val abrite des ruines du XIe siècle, juchées sur une ancienne motte castrale. Ici s'élevait jadis une forteresse, dont seul le donjon nous est parvenu.

La construction de cette place forte serait due à Robert II de Bellême, dit Robert le Diable, réputé pour sa cruauté et son caractère belliqueux. Cherchant à contrer l'avancée des comtes du Maine vers le nord, ce seigneur fit édifier une ligne de défense baptisée « Fossés-Robert », en élevant de nouveaux châteaux et en fortifiant les anciens. L'ensemble, entouré de fossés, couvrait près de 20 km, allant jusqu'aux frontières du duché de Normandie et du comté du Maine.

PATRIMOINE

DOMFRONT ET SA FORTERESSE

C'était un château de forme carrée : « Quatre grosses tours, avec des fossés profonds taillés dans le roc le défendaient. » Ainsi, parlait l'historien local Grégoire-Jacques Lange en décrivant, dans son ouvrage Éphémérides normandes (1833), la place forte bâtie à Domfront par Guillaume de Bellême, vers 1010.

Érigée au sommet du piton rocheux dominant la Varenne, cette construction en bois devait asseoir l'autorité de la seigneurie de Bellême à l'extrémité orientale de son domaine. Lors de la conquête du Passais sur le Maine, le château fut repris vers 1049 par Guillaume le Bâtard, duc de Normandie et futur Conquérant, pour défendre la frontière sud de la Normandie face au Maine et à l'Anjou. Le donjon fut fortifié en pierre au XIIe siècle et passa sous l'emprise des souverains Plantagenêt, qui en firent un lieu de résidence itinérante, y favorisant les influences littéraires occitanes où rayonne l'amour courtois. Aliénor d'Aquitaine, mariée au futur roi d'Angleterre Henri II, marqua le lieu de son passage en y baptisant sa fille.

En 1204, le château rejoignit le giron du roi de France, avant d'être à nouveau récupéré par les Anglais au début de la guerre de Cent Ans. Tour à tour occupé par les catholiques et les protestants, il finira par être démantelé au début du XVIIe siècle, sur ordre d'Henri IV.

De cet édifice emblématique demeurent le mur d'enceinte fortifié, la courtine à gaine, les ruines de la chapelle et le donjon, dont les pans de muraille dressés vers le ciel semblent défier le temps.

CHÂTEAU MÉDIÉVAL DE DOMFRONT / PHOTO PNRNM

LÉGENDE

La légende du pont de l'Épée

Dans *Le Chevalier à la charrette,* Chrétien de Troyes (1135 - vers 1183) exalte l'amour courtois et conte les péripéties de Lancelot qui, pour délivrer la reine Guenièvre, doit traverser le « gué périlleux » avant d'affronter l'épreuve du « pont de l'Épée ».

D'après les spécialistes, cette œuvre porterait la trace des paysages du Domfrontais. L'auteur du premier récit en langue romane, ayant séjourné à la cour d'Aliénor d'Aquitaine à Domfront, aurait été inspiré par la Varenne et le gué de l'église Notre-Dame-sous-l'Eau, sis en bordure des chemins de pèlerinage du Mont-Saint-Michel. Il aurait fait de ce site le centre névralgique de la fameuse « quête ». Celle qui mène au royaume de Gorre, « le pays dont on ne revient jamais »…

Maison à colombage / photo OT Domfront

La **chapelle** du **Cerisier**

PR® 28

MOYEN

3H30 • 11,8KM

Quelques pas pour un voyage dans le temps à proximité de la cité médiévale de Domfront. Dans un contexte de bocage, découvrez trois sites singuliers : le vieil hameau du Cerisier, le moulin de la Nocherie et le hameau de la Nocherie.

1 Traverser la D 908 *(prudence !)* pour prendre la route en direction de l'Étang des Landes. Tourner à gauche sur le chemin carrossable *(sens interdit)* vers Beauvent. Franchir à nouveau la D 908 *(prudence !)* et prendre la petite route en face sur 50 m.

2 Descendre par le chemin à droite. Obliquer à droite, à gauche, puis à droite. Traverser la ferme du Haut-Riantel en continuant tout droit. Suivre la route à droite jusqu'au hameau de la Haie au Gué. Peu après, au calvaire, bifurquer à droite sur un chemin puis tourner à gauche pour franchir l'Andainette.

3 Prendre à gauche le chemin rural, traverser la D 208 et monter par le Val-d'Andaines. En haut, prendre à gauche le chemin carrossable, couper la D 21 et poursuivre jusqu'au Cerisier. À la fourche, aller en face, passer devant la chapelle du Cerisier et prolonger sur le chemin.

4 Franchir la Voie verte, filer à gauche et atteindre le moulin de la Nocherie. Remonter à gauche par la route d'accès.

> Possibilité de gagner à gauche le hameau de la Nocherie *(manoir restauré* XVIe*).*

5 Traverser la route et prendre en face un chemin rural. Bifurquer à gauche pour franchir un ruisseau, puis remonter à droite. Prendre encore à droite sur la route et, au croisement, s'engager à gauche jusqu'aux bâtiments de la Basse Auvraire.

6 Tourner à gauche sur un chemin agricole, passer la Mogisière, puis tourner à gauche en direction de Friloux. Juste avant la ferme, emprunter sur 1 km le chemin qui descend à droite.

7 Au croisement avant de grands bâtiments agricoles, descendre à gauche (GR® 22). Franchir la Voie verte et la Varenne, puis monter vers la Gloriette. Rester à gauche et continuer à monter. Couper une route et rejoindre le départ en face.

S SITUATION
Domfront, à 24 km à l'ouest de La Ferté-Macé par la D 908

P PARKING
à la Croix des Landes (cimetière), sur la D 908, sortie de ville

DÉNIVELÉE
altitude mini et maxi, dénivelée cumulée à la montée

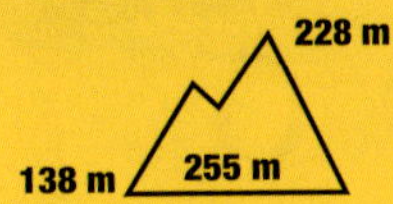

B BALISAGE
jaune

! DIFFICULTÉS !
- chemins humides après **3**
- montée longue en fin de parcours
- prudence lors des traversées de routes

À DÉCOUVRIR...

> En chemin :
- chapelle du Cerisier
- moulin de la Nocherie
- ancien manoir restauré

> Dans la région :
- Domfront : cité médiévale, site emblématique du Parc Normandie-Maine du réseau Monts et Marches
- forges de la Varenne
- Dompierre
- La Ferrière-Aux-Étangs, sites miniers

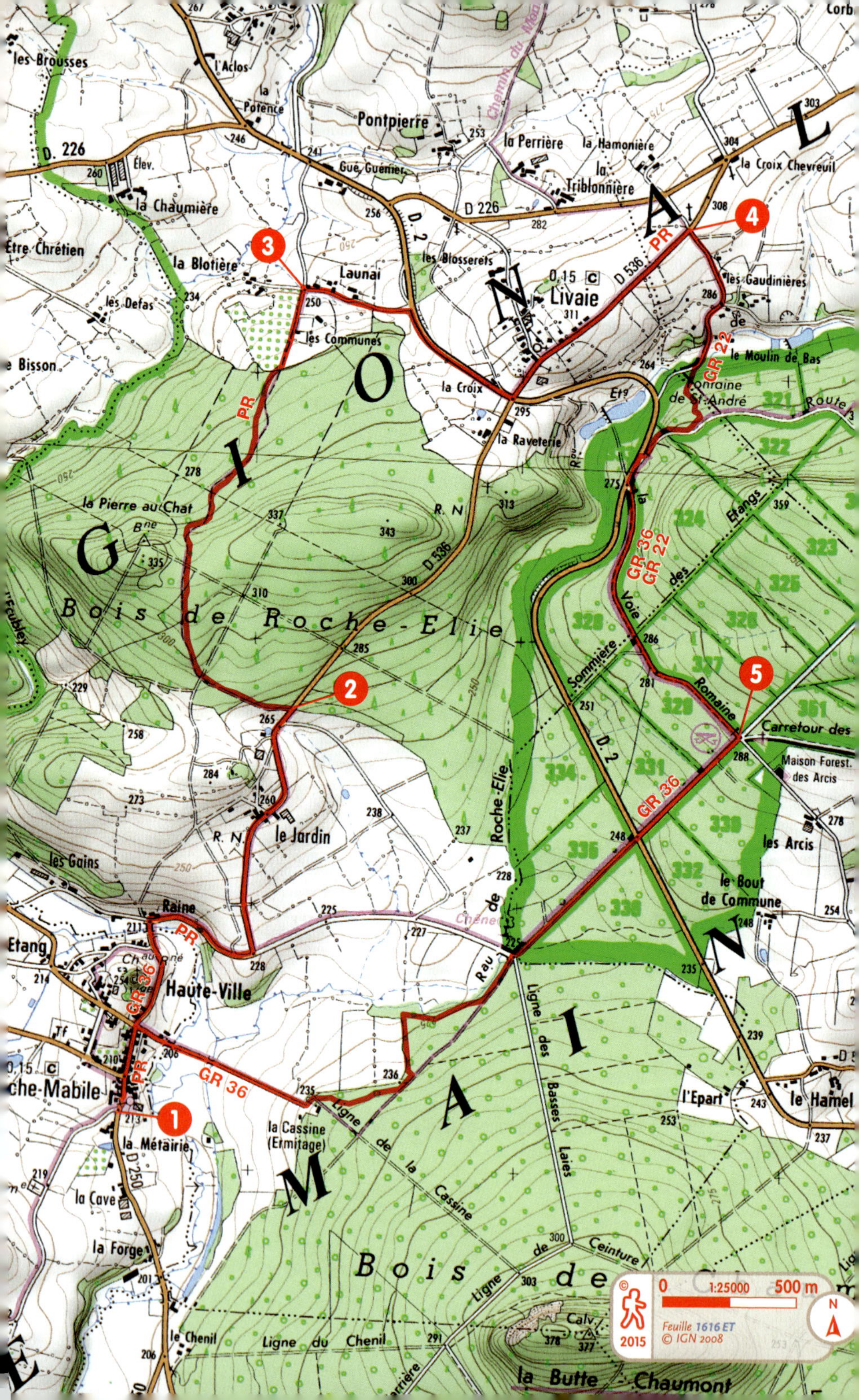

les Brousses
l'Aclos
la Potence
Pontpierre
la Perrière
la Hamonière
la Triblonnière
la Croix Chevreuil
D. 226
Élev.
la Chaumière
Gué Guenier
D 226
D 2
Être Chrétien
la Blotière
Launai
les Blosserets
Livaie
D 536
les Gaudinières
les Defas
les Communes
le Moulin de Bas
Bisson
la Croix
la Raveterie
Fontaine de St-André
la Pierre au Chat
Bois de Roche-Elie
R. N
Voie des Étangs
Romaine
Sommière
Carrefour des
Maison Forest. des Arcis
les Arcis
le Bout de Commune
le Jardin
les Gains
Raine
Haute-Ville
Roche-Elie
Chêne
Étang
Roche-Mabile
la Métairie
la Cassine (Ermitage)
Ligne de la Cassine
Ligne des Basses Laies
l'Epart
le Hamel
la Cave
la Forge
Bois de
Ligne de Ceinture
le Chenil
Ligne du Chenil
la Butte Chaumont
GIONAL
MAINE
GR 36
GR 22
PR
1
2
3
4
5
0 1:25000 500 m
2015
Feuille 1616 ET
© IGN 2008

La **Roche-Mabile**

PR® 29

MOYEN

3H30 • 12KM

Niché à l'extrémité ouest du massif d'Écouves, ce village et ses paysages si calmes résonnaient au début du XXe siècle du bruit des métiers à tisser et des forgerons. Ce circuit rend hommage à la richesse des paysages du secteur.

1 De l'église, partir à droite. Quitter le bourg en direction de Livaie (nord). Poursuivre en gardant la direction, passer Raisne et franchir un pont. S'avancer à droite, monter et prendre à gauche toujours sur la D 536 vers Livaie. Traverser le hameau du Jardin et continuer jusqu'à la lisière de la forêt.

2 Quitter la route pour monter par le chemin de gauche en lisière. Au croisement dans la montée, prendre en face : le chemin s'oriente à droite et traverse le bois. Après une descente, retrouver le goudron. Continuer tout droit par la route.

3 Au croisement, tourner à droite pour rejoindre la D 2 ; la longer à droite *(prudence !)*, puis la traverser au niveau du carrefour avec la D 536. S'avancer en direction de Livaie. Dépasser le village en restant sur cette même route et atteindre un croisement.

4 Descendre à droite vers le Moulin de Bas (GR® 22). Franchir le vallon. Environ 100 m après le ruisseau de Roche Élie, monter à gauche par un chemin. Redescendre à droite par un chemin d'exploitation jusqu'à la route principale ; la longer à gauche sur environ 100 m. Remonter à gauche par un chemin forestier *(ancienne voie romaine)* et atteindre le carrefour des Arcis.

5 Prendre à droite la route qui descend (GR® 36), traverser la D 2 et continuer en face. Au virage, ignorer la ligne des Basses Laies pour prendre un sentier à gauche avant le pont. Suivre le sentier dans son intégralité. À la Cassine *(ermitage)*, redescendre par la route jusqu'à La Roche-Mabile. Rejoindre le départ à l'église à gauche.

ÉCREVISSE À PIED BLANC / DESSIN P.R.

S SITUATION
La Roche-Mabile (61), à 15 km d'Alençon via Saint-Denis-Sur-Sarthon par les N 12 et D 350

P PARKING
à proximité de l'église

DÉNIVELÉE
altitude mini et maxi, dénivelée cumulée à la montée

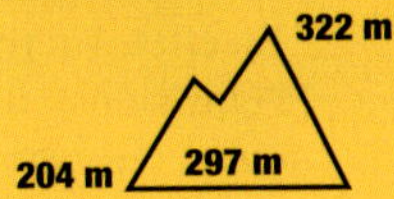

B BALISAGE
jaune

! DIFFICULTÉS !
prudence sur la D 2

À DÉCOUVRIR...

En chemin :
- ermitage de la Cassine
- bourg de La Roche-Mabile
- vallée du Sarthon

Dans la région :
- mont des Avaloirs
- Alpes Mancelles
- forêt domaniale d'Écouves
- Carrouges : Maison du Parc

GÉOLOGIE

LES TRACES DU VOLCANISME DANS LE MASSIF D'ÉCOUVES

Il y a plus de 500 millions d'années, naissait la caldeira d'Écouves suite à une violente éruption volcanique. Cette dépression circulaire d'un diamètre de près de 20 km s'étendait sur le massif d'Écouves, englobant ce qui correspond aujourd'hui aux bourgs de Rouperroux, de La Roche-Mabile et de Radon. Si les temps géologiques en ont effacé le relief, il reste pourtant des traces de cet épisode ancien dans le paysage.

En effet, l'activité volcanique a entraîné l'émission d'ignimbrites (du latin *ignis,* feu, et *imber,* pluie). Ces roches résultent de l'accumulation de fragments de lave soudés lors du refroidissement. Ce matériau, offrant une couleur violacée ou verdâtre, est encore exploité dans les carrières du Plessis, pour l'empierrement des routes de la région.

Mais si le passé volcanique de la région est décelable au cœur de ces carrières, il ne peut néanmoins être rapproché du site de la butte Chaumont (privé), situé dans la forêt d'Écouves.

Malgré sa silhouette évoquant un ancien volcan, cette éminence de 377 m dominant la campagne environnante n'est autre qu'un dôme de grès armoricain. L'originalité du site est due à la présence de pierriers qui se sont formés au quaternaire, par fracturation de la roche durant des périodes froides. Peu fréquents, ces éboulis de pierres abritent de nombreuses espèces de mousses et de lichens. Parmi ces derniers, citons les cladonies, dont la cladonie des rennes, très fréquentes dans les régions arctiques et qui témoignent de la fraîcheur qui y règne encore.

LA BUTTE CHAUMONT / PHOTO Michaël Houseaux/ PNRNM

FAUNE ET FLORE

La mulette, perle du Sarthon

Prenant naissance sur les contreforts du massif d'Écouves et se jetant dans la Sarthe, le Sarthon relie l'Orne à la Mayenne, en serpentant dans un paysage de collines, de prairies et de bocage. La qualité de cette rivière et de ses affluents est telle qu'elle est propice au maintien de certaines espèces remarquables, telle la mulette perlière.

Familier des cours d'eau à courant rapide, tout comme l'écrevisse à pieds blancs également présente sur le site, ce mollusque recherche des eaux pures et riches en oxygène, dont les fonds sont recouverts de graviers. Pour se reproduire, il nécessite la présence de la truite fario ou du saumon atlantique, car il fixe ses larves sur les branchies de ces poissons hôtes. Une fois le stade de développement atteint, le jeune bivalve se détache et se loge entre les cailloux de la rivière.

Néanmoins, cette moule perlière, dotée d'une longévité exceptionnelle puisqu'elle vit environ quatre-vingts ans, reste fragilisée par la dégradation des milieux aquatiques. Face au vieillissement des populations, le programme LIFE + vise à mettre en culture cette espèce vulnérable et à développer des « rivières vivantes ». Initié en 2010 en Basse-Normandie et en Bretagne, le projet devrait s'achever en 2016, de quoi avoir le temps de restaurer les cours d'eau. Pour l'heure, la mise en contact des larves avec des poissons hôtes a déjà été pratiquée sur le Sarthon, qui abrite aujourd'hui près de 300 individus, formant l'effectif le plus important de Normandie.

LE SARTHON / PHOTO Benjamin Beaufils

Lignières-Orgères
Bourg d'Orgères
Bois de Monthard
la Lambertière
la Boulardière
la Chaisnaie
le Mesnil
la Martinière
le Fougeray
le Grassion
la Maison Neuve
la Mellière
la Chanerie
l'Aune
la Basse Couperie
la Couperie
les Bas Miées
les Miées
le Mondard
la Maison Neuve
la Gendrie
l'Etre au Roi
la Noë Hénault
l'Oliverie
les Noës
la Haie au Roi
la Géromière
la Bersonnerie
la Pelleterie
la Peisnière
la Cornière
la Trigale
le Sapin Vert
le Grand Monthard
les Trégots
le Petit Monthard
la Chauvinière
Barbelinge
Hyeau
la Godardière
la Boucherie
la Prévotière
la Giloudière
la Plingère
la Rossignolière
le Gué
Etang de Cadin
Cadin
la Blutellerie
la Noë Panier
la Gouyetterie
la Noë
le Rocher
la Maréchallerie
la Vannerie
la Galliere
le Champ de la Croix
Roches d'Orgères
la Brousse
le Plessis
le Gassel
la Tuardière
l'Ormière
Chle de Grâce
la Chevallerie
Beauvais
le Champ Cornu
le Rouilly
le Bois Janvier
Chérizé
GR 22
PR
D 221
D 292
D 293
D 3
D 51
D 550
D 314
D 151
D 525
1
2
3
4
5
6
7
8
0 1:30000 600 m
(1:25000 réduit)
Feuilles 1516 ET, 1616 O, 1616 ET
© IGN 2003, 2008
© 2015
N

Le **sentier** des **Roches**

Ce parcours vous guide le long de la ligne de partage des eaux entre Manche et océan Atlantique. Il vous invite aussi sur les traces de l'Histoire par la présence du monument des Fusillés du 12 juin 1944.

1 Depuis l'église, face au monument aux Morts, traverser la D 221 pour s'engager dans la rue du Stade, vers Monthard et sortir du bourg. Bifurquer à droite toujours vers Monthard.

2 Dans le virage après le hameau du Grand Monthard, monter à gauche par la route qui se termine par un chemin pierreux escarpé conduisant à la monumentale statue du Sacré-Cœur *(table d'orientation, alt. 360 m, point de vue)*. Descendre à gauche par le chemin en lisière du bois de Monthard jusqu'à une bifurcation *(ligne de partage des eaux sur la droite)*.

3 Poursuivre la descente en face (GR® 22). Atteindre le hameau de la Maison Neuve.

4 Laisser le GR® 22 sur la gauche pour continuer en face sur la petite route. Après 300 m, prendre à gauche un chemin de terre ; il débouche sur la D 221 *(calvaire)*. L'emprunter à gauche jusqu'au prochain carrefour, près de l'étang de l'Oliverie.

5 Tourner à droite (GR® 22) et rejoindre la Lambertière. À l'entrée du hameau, s'engager à gauche dans un chemin creux, par endroits humide. Dans un virage, ignorer à droite les maisons de l'Ormière et continuer en face jusqu'au hameau du Gassel.

6 Quitter le GR® 22 en prenant à droite la D 293 en direction d'Orgères-la-Roche. Tourner à gauche vers le Plessis *(chapelle de Grâce en continuant par la D 293 sur 100 m)*. Traverser le hameau.

7 Continuer tout droit (GR® 22) par un chemin creux souvent humide montant à la D 292 *(vue sur les roches d'Orgères à gauche)*. L'emprunter à droite sur 150 m, puis prendre à gauche un chemin bordé d'arbres.

8 À la route, quitter définitivement le GR® 22 en allant tout droit sur la petite route. Longer l'étang de Cadin et s'engager à gauche 50 m plus loin, dans un chemin montant et pierreux. En haut, rejoindre la D 3 en face et la traverser pour continuer sur un chemin. Rejoindre une route communale qui ramène à Lignières-Orgères à gauche. Gagner le départ à droite.

PR® 30

MOYEN

3H45 • 12,8KM

S SITUATION
Lignières-Orgères (53), à 19 km au sud-est de La Ferté-Macé par les D 908, D 51 et D 221

P PARKING
place de l'Église

/ DÉNIVELÉE
altitude mini et maxi, dénivelée cumulée à la montée

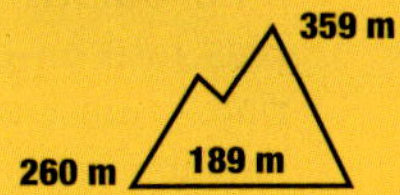

B BALISAGE
1 à **3** > jaune
3 à **4** > blanc-rouge
4 à **5** > jaune
5 à **6** > blanc-rouge
6 à **7** > jaune
7 à **8** > blanc-rouge
8 à **1** > jaune

! DIFFICULTÉS !
de **2** à **3** : montée assez rude vers le calvaire de Monthard
• prudence avec les autres usagers, VTT et cavaliers

À DÉCOUVRIR...

> En chemin :
• statue du Sacré-Cœur
• chapelle de Grâce
• roches d'Orgères (propriété privée)
• étang de Cadin

> Dans la région :
• Carrouges : Maison du Parc, château (XIVe)
• gorges de Villiers

PATRIMOINE

La Maison du Parc

Plus qu'un simple centre d'information, la Maison du Parc naturel régional Normandie-Maine est également un site culturel à part entière. Inauguré en 2007 sur plus de 3 ha, cet établissement est historiquement relié au bourg de Carrouges et surtout à son château, imposante place forte du XIVe siècle convertie plus tard en demeure seigneuriale : ainsi en a-t-il conservé l'ancienne chanoinerie du XVe siècle, rassemblant un logis et une collégiale. Ces bâtiments, après avoir été centre intellectuel et lieu de culte pendant des siècles, ont été acquis par le tout nouveau Parc, au début des années 1970, pour un franc symbolique. Les bureaux de l'administration ont pris leurs quartiers dans le logis des chanoines, tandis qu'une salle d'exposition s'est installée dans la collégiale. Classée au titre des Monuments historiques, une petite chapelle castrale attenante, remarquable par sa voûte peinte, est également accessible au public.

Maison du Parc naturel régional Normandie-Maine / photo PNRNM

En arrivant à la Maison du Parc / photo PNRNM

Aujourd'hui, la Maison du Parc offre un espace muséographique présentant le patrimoine naturel et culturel de Normandie-Maine. Une librairie, un espace de valorisation des produits locaux et un centre de documentation accueillant conférences et ateliers complètent les installations.

Autour, un verger conservatoire réunit près de 90 variétés de pommes et 70 de poires. Si cet écrin d'arbres permet d'entretenir un paysage typique de l'Orne, il rappelle également la vocation du Parc visant à préserver la diversité génétique et biologique des espèces locales.

FAUNE ET FLORE

LA CHEVÊCHE D'ATHÉNA, UNE ESPÈCE MENACÉE

Celle que l'on appelait autrefois « chouette chevêche » a été rebaptisée chevêche d'Athéna, du nom de la déesse grecque dont elle était la messagère dans l'antique Athènes.

Cette petite chouette trapue, ne mesurant pas plus de 22 cm, se reconnaît à ses yeux dorés surmontés de sourcils blancs et à son plumage brun-roux ponctué de taches claires. Ses ailes déployées présentent une envergure d'environ 60 cm.

Si la chevêche d'Athéna occupe une grande diversité d'habitats, elle reste fidèle à son territoire. Elle affectionne le bocage et les prairies plantées de vergers hautes tiges, tels qu'il en existe en Basse-Normandie. Les trous d'arbres creux ou les cavités des vieux murs sont recherchés en période de nidification. La femelle y pond de trois à cinq œufs blancs, entre avril et mai. Les jeunes acquièrent leur autonomie vers l'âge de deux mois.

Juchée sur un poteau ou un arbre fruitier faisant office de perchoir, la chevêche chasse à l'affût oiseaux et petits mammifères, dont les campagnols. L'été, elle ne dédaigne pas les insectes ou les lombrics.

Largement présente au sein du Parc il y a trente ans environ, la chevêche d'Athéna est aujourd'hui en déclin, du fait de la régression des vergers et des haies, de la mise en culture des prairies et de la raréfaction des sites de nidification. Dans le cadre d'un plan national de restauration, cette espèce protégée fait l'objet d'un suivi au cœur du Parc, notamment dans les secteurs de Barenton, des Alpes mancelles et de Carrouges.

CHOUETTE CHEVÊCHE / PHOTO Cyrille Delattre

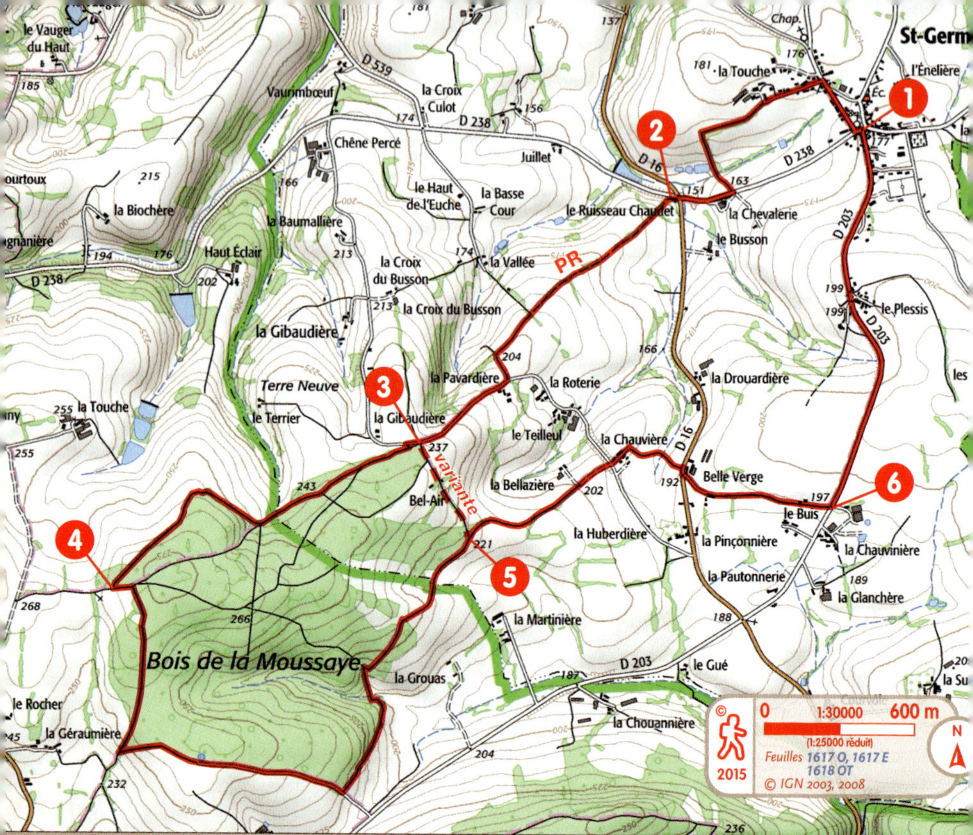

FAUNE ET FLORE

LE SONNEUR À VENTRE JAUNE

Habitué des mares, mais aussi des bois, des vergers et des prairies, le sonneur à ventre jaune a élu domicile dans la partie sud du Parc, en Sarthe. Ce crapaud couvert de pustules, avec sa pupille en forme de cœur et à peine plus grand qu'une coque de noix se nourrit d'insectes, de mollusques et de vers de terre. Sa défense contre ses agresseurs est imparable : lorsqu'il se sent menacé, il arbore son ventre jaune moucheté de noir et peut même sécréter un venin toxique.

SONNEUR À VENTRE JAUNE / PHOTO Sylvain Montagner

Protégé au niveau européen, le sonneur a une durée de vie de 10 à 15 ans. Son habitat a régressé en France du fait de la pollution, de la dégradation des zones humides et de l'introduction de poissons dans les plans d'eau, qui menacent sa survie.

Le **sentier** de **Bel Air**

PR® 31

MOYEN

3H • 10,6KM

Dans un paysage de bocages, un circuit dans une campagne calme et agréable.

1 Du parvis de l'église, prendre à droite la D 222 vers Averton. Au calvaire, tourner à gauche vers la Touche. Dans le virage, continuer en face par un chemin herbeux sous les frondaisons. Il franchit un vallon, puis remonte sur la D 238 ; l'emprunter à droite. Traverser le carrefour avec la D 16 *(prudence !)*.

2 Suivre à gauche le chemin herbeux qui démarre le long de la maison et monte longuement sur la colline. Ignorer un chemin à droite, puis tourner à gauche. Poursuivre la montée par une petite route à droite jusqu'en lisière de bois.

> Possibilité de raccourcir le circuit en prenant à gauche sur 430 m.

3 Continuer en face sur 60 m pour s'engager sur le second chemin à gauche en lisière, puis à droite. Aux bifurcations, serrer à droite sur le chemin en lisière.

4 Remonter à gauche, puis tourner à droite vers le sud. Au croisement, tourner à gauche en lisière *(point de vue)*. Dépasser un réservoir et continuer sur la route. Prendre à gauche le chemin, toujours le long du bois. Passer le vallon, puis obliquer à droite et traverser le bois.

5 Continuer en face sur le chemin. Au croisement, couper la route vers la Chauvière. Au bout du hameau, suivre le chemin à droite jusqu'à la D 16. Aller à droite, puis de suite à gauche sur un chemin. Continuer en face, derrière la maison.

6 Par la D 203 à gauche rejoindre le départ en passant par le hameau du Plessis.

TRITON CRÊTÉ / DESSIN P.R.

S SITUATION
Saint-Germain-de-Coulamer (53), à 11 km au nord de Sillé-le-Guillaume par les D 16 et D 203

P PARKING
parking de l'Église

/ DÉNIVELÉE
altitude mini et maxi, dénivelée cumulée à la montée

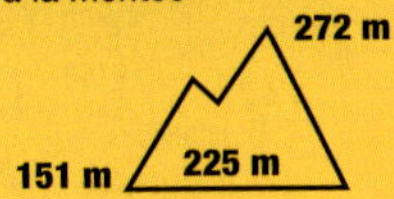

B BALISAGE
jaune

À DÉCOUVRIR...

> En chemin :
- bocage
- vue sur les forêts de Pail et Sillé

> Dans la région :
- château de Sillé-le-Guillaume, Sillé Plage
- manoir de Classé

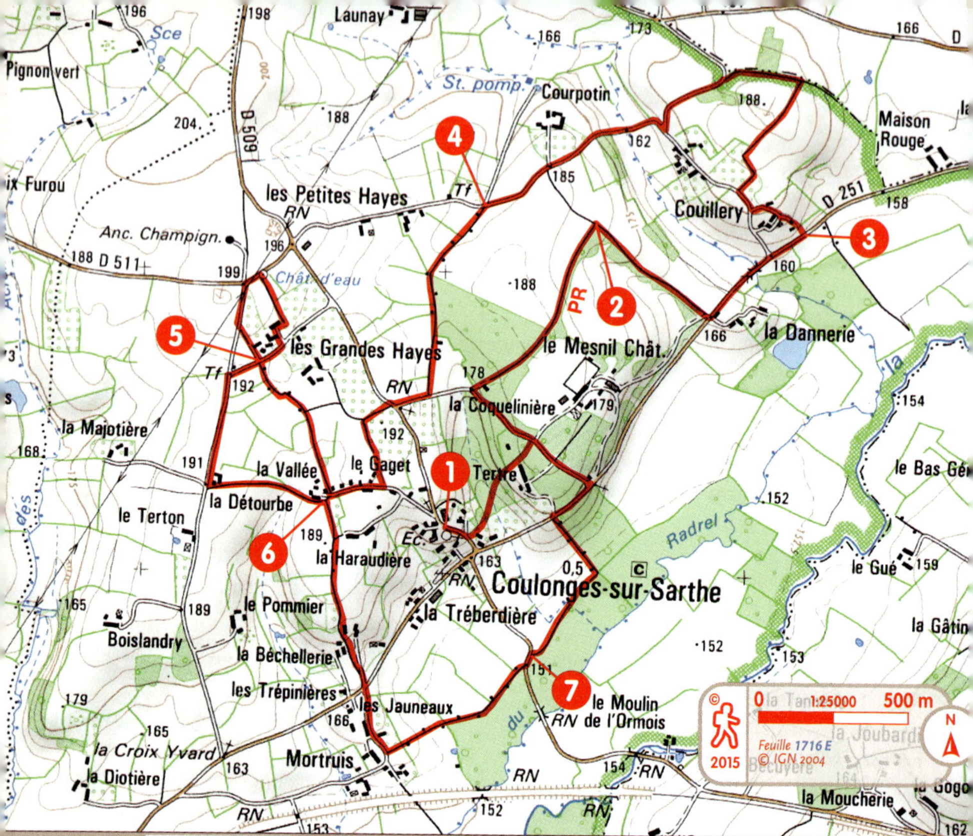

HISTOIRE

Essay, des seigneurs de Bellême aux ducs d'Alençon

Localité dotée d'un riche passé historique, Essay conserve une motte féodale du XIe siècle, ayant appartenue aux seigneurs de Bellême. Au XIIIe siècle, le site fut cédé en apanage par saint Louis à son fils Pierre. Le comte d'Alençon, Pierre II, entreprit d'entourer le château d'une épaisse muraille, faisant d'Essay une ville close. Au début du XVIe siècle, la duchesse douairière d'Alençon, Marguerite de Lorraine-Vaudémont, y résida, suivie, quelques années plus tard, de sa belle-fille Marguerite d'Angoulême, sœur de François 1er. Du château démantelé à la fin des guerres de religion reste la chapelle des ducs d'Alençon, dite Marguerite de Lorraine et datant du XIIe siècle.

La Chapelle des Ducs / photo PNRNM

Le **pays Mêlois**

Découvrez ici les paysages typiques de la haute vallée de la Sarthe constituée d'un maillage de pâturages et de cultures.

1 Descendre le long de l'église. À mi-pente, tourner à gauche vers le chemin du Tertre. Remonter jusqu'à la route communale en passant près des bâtiments du Tertre. Prendre la route à gauche et, dans le virage de la Coquelinière, suivre à droite le chemin du Parc-du-Château.

2 Redescendre à droite jusqu'à la D 251 ; l'emprunter à gauche. Environ 150 m après la route de la Couillery, monter à gauche par un sentier. Au hameau, continuer sur la droite par la route.

3 Tourner à droite au premier chemin, puis au carrefour, aller à gauche. Déboucher sur une petite route ; l'emprunter vers la gauche, puis vers la droite au croisement suivant. Dépasser l'accès aux maisons de Coupotin et descendre dans un petit vallon.

4 S'engager à gauche sur un chemin. Au bout, remonter la route à droite. Couper la D 509 *(prudence !)* pour prendre en décalé à droite une belle allée herbeuse entre les plantations. Tourner à gauche et arriver au hameau le Gaget. Bifurquer à droite sur la route et encore à droite par le chemin carrossable.

5 À la route goudronnée, prendre à droite, puis à gauche après les Grandes Hayes. Au château d'eau, prendre trois fois à gauche et regagner les Grandes Hayes.

5 Partir à droite sur la route. Au carrefour, tourner à gauche. À la Détourbe, suivre le chemin de gauche.

6 Aux maisons, s'avancer sur le chemin à droite, et descendre jusqu'à la D 251 ; la traverser *(prudence !)* et continuer la descente vers Mortruis. Avant le virage, s'engager à gauche sur un chemin carrossable. Suivre la route à gauche sur quelques mètres.

7 Reprendre un chemin à droite. Remonter à gauche en lisière jusqu'à la D 251 ; la longer à droite *(prudence !)*, puis monter par la première rue à gauche. Après l'accès au Tertre, reprendre le chemin à gauche jusqu'au départ.

PR® 32

MOYEN

3H15 • 10,8KM

S SITUATION
Coulonges-sur-Sarthe, à 4 km au nord-est du Mêle-sur-Sarthe par la D 251

P PARKING
place de la Mairie

DÉNIVELÉE
altitude mini et maxi, dénivelée cumulée à la montée

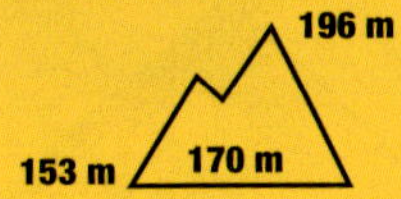

B BALISAGE
jaune

! DIFFICULTÉS !
- chemins humides après épisodes pluvieux
- prudence lors des traversées de routes

À DÉCOUVRIR...

> En chemin :
- patrimoine bâti
- parc du château Mesnil

> Dans la région :
- Le Mêle-sur-Sarthe : plan d'eau
- Essay : chapelles des Ducs d'Alençon, motte féodale

la Ribardière
Chap.
les Castors
le Brûlé
les Villag
190
187
la Rouillerie
191
212
Belle Vue
271
la Pillière
219
D 811
la Fortinière
179
Mousse
Vente Burnou
D 825
250
les Pins
la Gaudinière
192
de
D 21
Ruisseau
204
Vieux Champ
196
194
223
la Fieffe
274
Pyl.
la Bigottière
184
la Basillère
189
190
PR
Trait. eaux
Cité
de la Haie
231
262
7
1
191
Forêt Dom.
des Andaines
Forêt Dom. des Andaines
PR
la Guimardière
Vaujoie
le Moulin
Neuf
le Désert
la Butte Rouge
2
239
le Gué Plat
3
200
D 264
204
217
221
210
198
Étang
du Vieux Fourneau
Forêt Communale de la Ferrière-aux-Étangs
Sce
GR 22B
Parc
des Minières
231
205
Maison
Neuve
236
Sentier du Fer
229
228
208
Pile
4
PR
275
288
les Minières
la Vannerie
192
le Château
la Poterie
la Hélisière
le Chemin
6
202
313
260
D 825
la Forêterie
le Gacel
233
Us.
Champcornel
D 360
200
la Touche
218
208
la Prise Colin
l'Être Chochon
la Denaisière
223
la Fromagerie
la Vérité
D 360
210
D 21
216
0,4
Dompierre
5
la Louverie
221
D 360
la Penillère
255
les Grandes
Rues
l'Être
Cornu
287
les Clairets
236
la Plousière
la Penillère
225
Carrefour
de Dompi
222
la Chauvinière
224
l'Être Fourré
la Chesnaie
Maison Neuve
250
la Cocherie
226
la Jouyère
la Blanchardière
l'Être G
252
221
236
le Semaizière
la Morillère
227
la Bazilière
208
255
2015
0
1:25000
500 m
Feuilles 1515 O, 1516 ET
1515 E
N

Du **fer** sous la **colline**

PR® 33

MOYEN

4H • 14KM

En parcourant ce circuit, vous découvrirez l'histoire de l'exploitation du minerai de fer, au XXe siècle, à La Ferrière-aux-Étangs et Dompierre.

1 Gagner le site des fours et remonter à gauche. Au carrefour, continuer à gauche et suivre la ligne. Au bout, virer à gauche sur le chemin d'exploitation qui débouche à l'entrée de la cité de la Haie. Partir de suite à droite sur la petite route le long des fours. Elle conduit au Gué Plat.

2 Au bout de la rue, tourner à gauche dans cette ancienne cité minière. Traverser la D 825 et monter en face rue des Tilleuls *(anciennes maisons traditionnelles jumelées)* en direction du Puits Pralon. Continuer tout droit par la rue du Puits qui traverse un bois. Au croisement de route, tourner à droite vers les Minières.

3 Face à l'entrée du circuit automobile RC, s'engager sur le chemin de droite et continuer ensuite vers la gauche pour faire un grand virage. À la fourche, aller en face *(GR® 22B à gauche)*, puis bifurquer à droite. Couper la route (D 825) et entamer une grande ligne droite en crête, en lisière de forêt.

4 Après 1,3 km, changer de direction et descendre à gauche. Passer devant la Forêterie, puis longer la D 360 vers la droite. Passer la Touche et parvenir au cimetière de Dompierre.

5 Bifurquer à gauche pour remonter derrière l'église *(puits au bout de la rue)*, puis revenir vers le centre du bourg à droite (musée). Aller à gauche, puis de suite à droite pour descendre par la D 21 *(prudence !)*. En face de l'usine, traverser et s'engager sur un sentier. Prendre le second chemin à droite près de la route.

6 Au croisement de chemins, tourner à gauche et passer le hameau du Chemin. Prendre à droite sur la route puis l'éviter en prenant le chemin de gauche, puis serrer à droite. Couper la route, passer la Hélisière et prolonger par un chemin. Tourner à droite sur un large chemin d'exploitation (nord). Il s'infléchit à droite et dépasse les maisons de la Guimardière.

7 Virer à gauche sur un sentier, puis au large chemin, tourner à droite. Prendre en face à l'intersection avec la D 264 et filer sur le chemin jusqu'à la D 21 ; l'emprunter à droite *(prudence !)* pour rejoindre le départ.

S SITUATION
Dompierre (61), à 15 km au sud de Flers par la D 264

P PARKING
parking de la Butte Rouge sur la D 21 au nord de Dompierre

/ DÉNIVELÉE
altitude mini et maxi, dénivelée cumulée à la montée

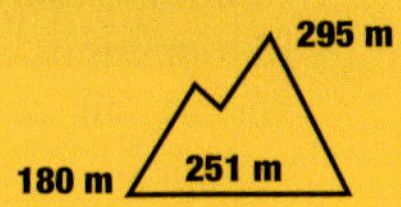

B BALISAGE
jaune

! DIFFICULTÉS !
prudence avec les autres usagers (cyclistes)

À DÉCOUVRIR...

> En chemin :
- 4 sites miniers
- parcours d'interprétation – sites emblématiques du Parc « Mont et Marches »

> Dans la région :
- Dompierre : musée du Fer
- Champsecret : forges de la Varenne
- Domfront : cité médiévale

ÉCONOMIE

LE PATRIMOINE MINIER DE BASSE-NORMANDIE

L'exploitation du minerai de fer en Basse-Normandie correspond à une activité très ancienne datant de l'époque gallo-romaine et favorisée par la présence de vastes massifs forestiers qui fournissaient les réserves de bois. Durant le Moyen Âge, le minerai était extrait sur place, à ciel ouvert : les « bas fourneaux » établis au plus près du minerai étaient déplacés quand celui-ci venait à manquer.

L'utilisation de la force hydraulique permit de construire des fours plus complexes, élaborant de la fonte en fusion. Plus d'une dizaine d'unités de production de fer virent le jour en Basse-Normandie, dans un quadrilatère formé par Flers, Domfront, Alençon et Sées.

Ainsi, les forges de Varenne, à Champsecret, fabriquaient du fer vendu sur le marché de Domfront à usage des forgerons, des cloutiers et des maréchaux-ferrants. Établie le long du Sarthon, près de la forêt d'Écouves, l'usine de La Roche-Mabile faisait travailler 130 ouvriers : avec une production annuelle de 300 tonnes de fonte et 180 tonnes de fer, ce foyer était vraisemblablement le plus important de Basse-Normandie, à la fin du XVIIIe siècle.

Mais la prospérité de la sidérurgie ornaise traditionnelle fut suivie d'un déclin dès le début du XIXe siècle. Des concessions plus modernes se créèrent néanmoins, en 1884 et en 1901, à Saint-Clair-de-Halouze et à La Ferrière-aux-Étangs. Malgré un sursaut provoqué par l'essor de cette industrie, la concurrence étrangère entraîna, dans les années 1970, la fermeture définitive des mines.

LE GUÉ-PLAT, VESTIGES DE L'ACTIVITÉ MINIÈRE / PHOTO Marie Dunoyer/PNRNM

PATRIMOINE

Le musée de la Préhistoire

Abritant le site préhistorique le plus ancien de l'Orne, la région de Rânes a permis de mettre au jour des silex taillés datant du paléolithique moyen (entre – 300 000 et – 30 000 ans). C'est sur un plateau étroit de plus de 600 ha, en limite du massif Armoricain et du Bassin parisien, que l'homme de Neandertal a trouvé la matière première (silex, grès) pour fabriquer ses outils.

Après plusieurs sondages à Rânes en 1969 par la DRAC (Direction générale des affaires culturelles) de Caen, les recherches ont été abandonnées, pour être reprises avec succès, dès 1977, par Jean-Jacques Rivard. En 1989, une association a été créée « Les Amis de la Préhistoire », puis un musée de la Préhistoire rénové en 2014. Entre-temps, de nombreux sondages ont été effectués par Dominique Cliquet, conservateur du patrimoine de la DRAC de Caen, spécialiste du paléolithique. Des fouilles programmées ont été organisées à Saint-Brice-sous-Rânes, de 1999 à 2002. Ainsi, plus de 120 000 silex taillés, tous en place, ont été récoltés lors du premier sondage. Certains bifaces présentent, par ailleurs, des traces de réaffûtage, l'homme de Neandertal retaillant ses instruments selon leurs différents usages.

Aménagé dans les entresols du château de Rânes depuis 1990 et devant ouvrir en 2015, le musée de la Préhistoire vous propose de découvrir des outils lithiques et des objets préhistoriques du paléolithique à l'âge du fer, issus des fouilles locales et régionales, et de comprendre l'évolution des techniques, l'origine des silex utilisés…

Château de Rânes / PHOTO PNRNM

✓ La création et la réalisation de ce topo-guide ont mobilisé de nombreux partenaires : le Parc naturel régional Normandie-Maine, les agences de Basse-Normandie et Pays de la Loire de l'Office National des Forêts, les comités départementaux de randonnée pédestre de la Manche, de la Mayenne, de l'Orne et de la Sarthe ainsi que les comités départementaux de tourisme de la Manche, de la Mayenne, de l'Orne et de la Sarthe .

✓ Les itinéraires ont été sélectionnés conjointement par le Parc naturel régional Normandie-Maine, les comités départementaux de randonnée pédestre, les associations de randonneurs.

✓ Les sentiers décrits dans le Topoguide sont balisés et entretenus par les baliseurs bénévoles des comités départementaux et associations de randonneurs, les Communautés de Communes et le Parc naturel régional Normandie-Maine.

✓ La coordination du projet a été assurée par le Parc naturel régional Normandie-Maine.

✓ Les photographies sont du Parc naturel régional Normandie-Maine (PNRNM), de Michaël Houseaux, Julien Crocis, Sébastien Millet, Marie Dunoyer, Francis Massias, Sylvain Montagner, Florent Maufay, Bérengère Jehan, de Démarche Marketting, Ariane Delrieux, René Reboux, Thomas Bousquet, Benjamin Beaufils, Éric Médard (© Éric Médard www.ericmedard.com), Cyrille Delattre, de l'Office de Tourisme de Domfront.

✓ Les illustrations de faune et de flore sont de Pascal Robin (P.R.), excepté celui de la page 63 qui est d'Ariane Delrieux.

✓ Responsable de production éditoriale : Isabelle Lethiec. Développement et suivi collectivités territoriales : Patrice Souc, Soumaya Abid. Assistante de direction : Sabine Guisguillert. Secrétariat d'édition : Philippe Lambert, Marie Fourmaux. Cartographie et couverture : Olivier Cariot, Frédéric Luc, Nicolas Vincent. Mise en page et suivi de fabrication : Jérome Bazin, Justine Dupré, Auriane Bayard. Lecture et corrections : Nadine Vincent, Évelyne Chaix, Didier Babin, Michèle Rumeau et Bernard Madonna. Création maquette et design couverture : Media Sarbacane.

Cette opération a été réalisée dans le cadre d'un partenariat entre le Parc naturel régional Normandie-Maine et la Fédération Française de randonnée Pédestre, avec le soutien financier des Régions Basse-Normandie et Pays de la Loire et des Départements de l'Orne, de la Manche, de la Mayenne et de la Sarthe.

INDEX

GÉOGRAPHIQUE

THÉMATIQUE

Achevé d'imprimer en France sur les presses de Chirat (Saint-Just-la-Pendue) selon les normes de la certification PEFC®

PEFC 10-31-189